大師如何設計

5大風格住宅外觀範例

ザ・ハウス（The House）

瑞昇文化

Contents

目錄

找出理想風格的住宅外觀

Special 1 決定外觀的要訣 P7

Chapter 1 簡約時尚風 P20

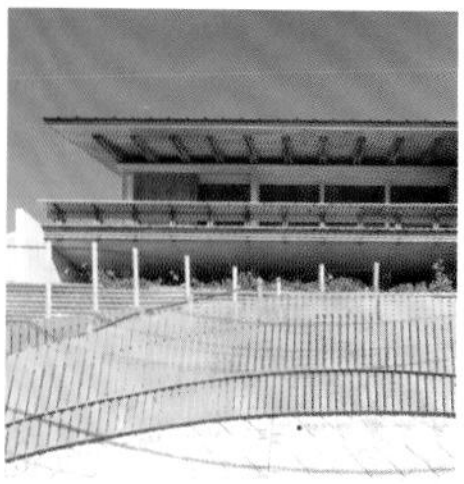

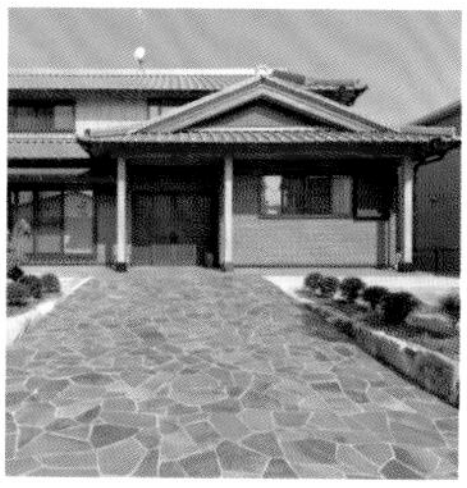

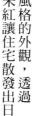

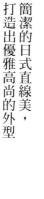

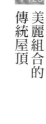

Chapter 5 P126 異國住宅風

INDEX P143 設計事務所＋工務店INDEX

Special 1

決定外觀的要訣

外觀的設計是由
哪些要素所構成的呢？
掌握6大要訣，
打造出完美出色的外觀。

2樓特別向外突出

典型的三角形屋頂

外型

該選擇怎樣的住宅外型？

決定外觀的要訣 1

從個性、協調感、成本找出最佳的平衡

用外觀來表現出個性，這是自地自建住宅最吸引人的地方。

不過如果是與街道景觀格格不入的風格，在建造前請務必三思；而太過繁瑣的設計，則會導致成本的增加。因此，最好能夠考慮所喜好的風格與周邊景觀是否協調、建造的費用是否合理，然後選擇出能夠滿足這些需求的外型。

影響外型的3個因素

房子的外型會因為若干條件而

將幾個箱子互相搭疊

音樂般的造型

P8 右圖：「LIFT」設計 施工=APOLLO（見P25）／P8 左圖：「OUCHI-01」設計＝石川淳建築設計事務所（見P32）／P9 右圖：「休止符之家」設計＝長谷川順持建築DESIGN OFFICE（見P36）／P9 左圖：「堺之家」設計＝井上久實設計室（見P40）

有所限制。首先，是房子的「大小」。這是由建蔽率（對基地的建築面積）與容積率（對基地的總樓地板面積）所決定的。例如建蔽率60%，容積率為150%的200㎡的基地，房子的「大小」最大為建築面積120㎡、總樓地板面積300㎡。其次是房子的「高度」。依照用途地域（根據都市計畫法，依照地域規定所建的建築物類型）以及高度地區（根據都市計畫法，規定建築物最高及最低高度的地區）的類別而決定建築物的高度上限；而道路斜線制限、北側斜線及日影規制（※）等則影響了屋頂的形狀及高度。例如在外觀上有斜切設計的，通常很多都是為了克服這些日照規定而產生的必然結果。

此外，根據前方道路的寬度，房子與道路之間通常需要設置一定的空地。房子要蓋在基地的位置、這樣的「配置」再加上前面所說的道路斜線限制等相關規定，經常會影響了房子的外型。其他還有因地域或是地盤特性等等，而存在著各種條件的限制。克服這些障礙之後，該如何打造出色的外型？建議最好在規劃的初期，與設計師討論比較好。

※道路斜線制限、北側斜線及日影規制：為了維護道路以及周邊環境的採光及通風，對建築物的高度有其限制的相關法令。

決定外觀的要訣 2

通道

準備通往家裡的入口

即使再小，還是希望能打造出切換「ON」跟「OFF」的空間

關於從道路前往玄關的通道，常常會有因為成本的因素而不打造、或者先不考慮的情況。有些人則因為從道路到玄關之間的距離太短，而認為不需要設置通道。

但事實上，正因為有這樣的空間而切換出室內與室外，使我們能夠提升往室內時的期待感。如果基地較小，建築物離道路很近的情況，可以豎起一面圍牆，使得從道路到玄關需要稍微轉折，因而製造出與室外的距離感。或者，也可以考慮直接讓道路成為

一點點的空間，也能營造出氣氛

通過底層架空的空間往入口

通往玄關的通道，用低矮的植栽取代圍牆，這也是個不錯的方法。讓道路與基地柔和地連接著，還能夠增加與街道的和諧感。同時，由於沒有圍牆而減少死角，根據情況，有時也能成為在治安上讓人相當放心的設計。

素材、植栽、照明的選擇也是樂趣之一

有各式各樣的素材能夠用在通道和玄關上。例如貼在地面的素材，最常用的是磁磚。由於尺寸、顏色以及材質都十分豐富，配合外牆的顏色和氛圍做挑選時，時常也能充滿樂趣。至於石材，有9㎝方形的鋪石、板狀或是不規則等形狀。其他還有紅磚、枕木或是水泥等都可做為地面的素材。

此外，如果外觀的窗戶少，而顯得有些壓迫感的情況，可以在通道上種植紀念樹，或是設置前院，不但能夠發揮改善的效果，同時也增加了柔和感，使外觀能夠更輕易地融入街景。

另外，在提升往室內時的期待感上，照明也是相當重要的一環。除了吊燈之外，聚光燈或是間接照明等，都能夠讓外觀呈現出與白天截然不同面貌。

爬上斜坡也能讓人心情舒暢

眺望中庭，往照明所引導的方向

P10右圖：「Casa坡之上」設計=acaa（見P60）／P10左圖：「有馬賽克瓷磚的家」設計 施工=小林建設（見P111）／P11右圖：「MANA」設計=naduna工房（見P047）／P11左圖：「浮在天空之家」設計=acaa（見P65）

決定外觀的要訣 3

屋頂

保護房子不受風、雨、光、熱的侵襲

左右對稱的三角形屋頂

簡單的單斜屋頂

屋頂材有哪些？

所謂的屋頂，主要是用來保護建築物不受風吹雨淋或日曬的外層構造，通常使用耐久性高的材料。

主要的代表有將水泥用纖維材質強化的板材、鍍鋅鐵板或是鋁鋅鋼板等金屬板，以及日本木造房子常用的瓦片等。

板材的優點是價格低且重量輕，雖然需要定期重新補漆，但是目前耐久性高的塗料正在增加當中，而改善了這個問題。金屬材的重量也相當輕，而且具有容易加工的特性，能夠配合各種複雜形狀的屋頂。瓦片的優點則在

讓屋頂的存在感消失，使外牆面成為視覺焦點

利用日本瓦營造出傳統的風情

P12右圖：「白山的住宅」設計・施工=BAUHAUS（見P71）／P12 左圖：「有中庭的家」設計=R-TYPE（見P73）／P13右圖：「刻劃著歲月—豐富了街道的住宅」設計・施工＝鈴木工務店（見P120）／P13左圖：「真塚台之家」設計＝井上久實設計室（見P68）

於耐久性相當好，可以說幾乎不需要特別保養。

坡度設計的不同，印象也跟著改變

屋頂的外型大致可分為三角形等有坡度的斜屋頂，以及從外表看不見的平屋頂。

木造住宅的話，基本上是以斜屋頂為主。若想要用沒有坡度的屋頂（平屋頂），則需要充分做好防水的處理。根據坡度的設計，讓屋頂也能成為外觀上的視覺焦點。例如坡度陡斜時，讓屋頂看起來較大，在設計上表現出厚重感及力量；而坡度較緩，屋簷較短的時後，則給人一種輕盈的印象。另一方面，想要降低屋頂的存在感，呈現出與外牆成為一體的時候，可以選用與外牆材質搭配的顏色及材料，就能輕鬆地營造出整體感。

平坦的屋頂經常用在有現代感的外觀。但是少了屋簷，可能會因為下雨而使外牆變髒，或是會有從窗戶進來的光線是否過強等的問題，因此在設計上需要特別下功夫。

決定外觀的要訣 4

窗戶

透過造型與配置，豐富了視覺的感受

用一扇窗，就能改變整體外觀的印象

窗戶具有讓室內採光、空氣流通以及眺望的功能。而重要的是，在哪裡、裝設怎樣的窗戶才能打造出舒適快活的室內空間。此外，窗戶也是構成外觀設計非常重要的元素之一。透過不同的外型、大小以及配置，能夠讓住宅的表情充滿著變化。

如果想讓外觀看起來簡單俐落，可以將窗戶上下的橫線、上下樓的直線、屋簷與窗戶，以及窗戶與窗戶間的距離等，做好整齊統一的配置。

大小不同的外窗，營造出節奏感

將小窗配置成螺旋狀

了解種類與功能

窗戶有各式各樣的外型、設計與開關方式。

例如細長形的窗戶既能隔絕外來視線，同時也能在採光與通風上收到很好的效果。在住宅密集的地區，特別是為了保護隱私又希望光線明亮的時候，經常會連續裝設許多這種細長形的窗戶。另外，正方形窗戶則是上下左右皆保持均衡的設計。由於將不同大小的方形窗任意排列都能相當有型，因此想讓外觀上看不出樓層數，或者想強調出外牆的材質時，經常會在外牆上配置這樣的方形窗。如果窗戶的外型讓人一眼就知道是廁所或浴室，會讓人在居家安全或是隱私上感到十分的不安，因此反而可以在這些地方刻意使用一般的窗戶。

除了窗戶的外型，開關方式也應當加以確認。像屋簷那樣向外滑出的窗戶，優點是雨水不容易打進屋內。窗戶的玻璃分上下兩片、上下都能移動的雙拉窗，則因為兩處皆可通風，適合裝在容易悶熱的廚房等地方。

細縫般的直長窗

光線灑進整面大窗

P14右圖：「Spiral Window House」設計=ALPHAVILLE（見P49）／P14左圖：「INSERT」設計＝充綜合計劃（見P38）／P15右圖：「RAVINE」設計＝APOLLO（見P24）／P15左圖：「箱型的房子03」設計＝石川淳建築設計事務所（見P31）

決定外觀的要訣 5

格柵

穩固&有型 遮蔽視線又能通風透光

道路與基地間，柔和地遮蔽視線

俐落印象的鋁格柵

通風透光且能確保隱私

所謂的格柵，指的是將細長的板子，依一定的間隔並行所排列而成的組合物。在不想讓鄰居看到的窗戶或是露台上裝上格柵，不但有採光通風的效果，還可以達到保護隱私的目的。通常裝設在面向道路的房間、衛浴室或是玄關等的窗戶上。

像這樣做為「屏障」的功能，同時也有修飾整體外觀設計的效果。例如，因為隔間的關係而使窗戶的大小或配置雜亂時，或者是空調的室外機以及曬衣場等充滿生活感的東西太過醒目的時

P16 右圖：「家畑」設計＝設計atelier一級建築士事務所（見P56）／P16 左圖：「K-HOUSE」設計＝田井勝馬建築設計工房（見P26）／P17右圖：「ST-HOUSE 面臨綠意的家」設計・施工=R.CRAFT（見P63）／P17左圖：「茅崎之家」設計＝廣渡建築設計事務所（見P101）

整面都貼上，讓外觀表現出個性

縫隙透出的燈光也相當美麗動人

候，在這些地方裝上格柵，就能輕鬆地隱藏，而讓外觀看起來簡單清爽。

此外，讓格柵與門扉及陽台欄杆等的材質及風格一致也可以使整體產生統一感。材質方面則主要有木材、鐵或鋁等。每一條的寬度或彎度，有無裝飾等，因為有各式各樣的設計可供選擇，因此最好能夠考量預算以及是否方便維修，然後選擇出適合自己的格柵。

營造日式風情，直條格柵能發揮很大的效果

木格柵非常適合用在和風的住宅。在瓦片屋頂或是水泥外牆的住宅，將直條的格柵（格子）裝在窗上，或是用在玄關門上，就能夠強調出日式風情。另一方面，即使是具有現代感的外觀，只要將格柵做垂直組合，也能夠營造出和風的感覺。在選擇上，則需注意材質、顏色以及格柵彼此的間隔等。

決定外觀的要訣 6

外牆

講求設計感與耐久性

決定家的表情外壁材的種類與特色

外牆也是形成街道景觀的要素之一，因此最好盡可能選擇好的材料做搭配組合。如果是用一般的預算所蓋出的木造房子，大多選用的是水泥纖維板（窯業系外牆板）或者鍍鋁鋅鋼板等貼上牆板的外壁材，然後是水泥牆。

水泥纖維板（窯業系外牆板）是以水泥為主要原料的牆板，有磁磚、木材或是仿石材等各式各樣材質。想在摩登中添加柔和感的時候，水泥纖維板能夠發揮很好的效果。

燒杉風的水泥纖維牆板

摩登日式的彩色砂紋牆面

容易打造出簡約時尚的外觀的則是鍍鋁鋅鋼板。在薄板上壓出波浪紋能增加強度。如果在設計上能夠善用這種波浪的線條，也可以讓外觀表現出個性。水泥牆指的是用滾刷或是鏝刀將砂漿或是灰泥加以修飾的牆面；能夠在牆壁的表面刮出鱗狀或是線條等裝飾刷紋。這種外壁材用在簡約時尚風、摩登日式風或是純和風等各種不同風格的住宅當中都非常適合。

確認修護的頻率及相關費用

在挑選外牆時，不只是考慮設計，耐久性也非常重要。例如，雖然水泥牆需要定期重新上漆，但最近光觸媒防汙塗料等，使外牆不容易附著汙垢的產品正不斷地推陳出新，而改善了這個問題。再者，搭設鷹架施工也需要一筆費用，總之，最好還是盡量挑選耐久性高的外牆。

另外，為了讓水泥纖維板等美觀又安全的狀態，在接縫處需要定期重新填充密封材。因此最好能夠確認保固期，並注意做好定期的維護與保養。

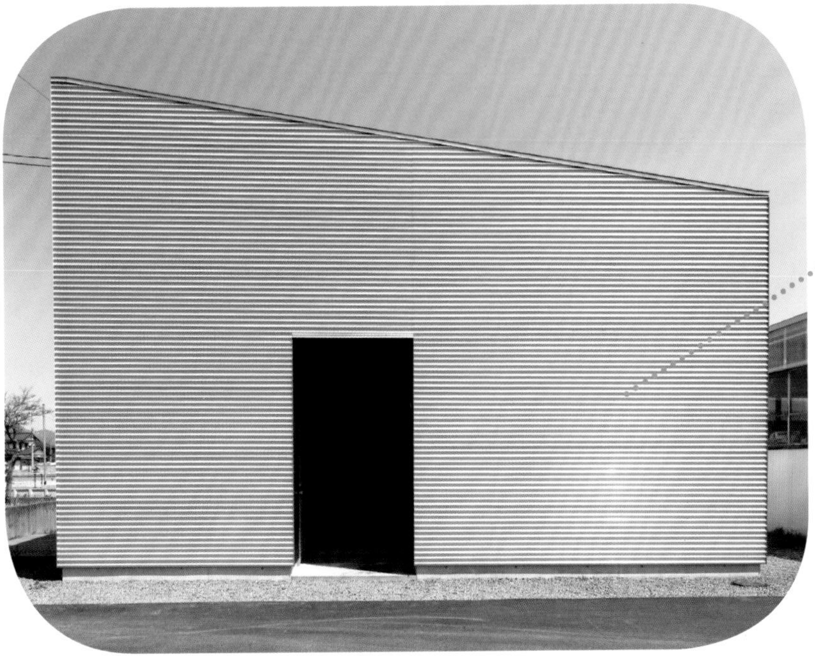

利用鍍鋁鋅鋼板強調出金屬特有的質感

砂漿X美西側柏

P18右圖：「vegaho」設計=T-Square Design Associates（見P98）／P18左圖：「:阿久比之家」設計・施工=Arr Planner Group（見P62）／P19右圖：「 cacco～統合家族氛圍的家～」設計=Yoshihiro Ishiue建築設計事務所（見P61）／P19 左圖：「小濱之家」設計＝真野SATORU建築DESIGN室（見P28）

Chapter
1

簡約
時尚風

平坦或單斜的屋頂
以簡單、直線樣式為主要特色的風格。
以灰、白、黑等俐落的色調為中心，
搭配金屬、玻璃或是清水混凝土等材料，
打造出充滿時尚感的外觀。

SIMPLE
MODERN

SIMPLE MODERN

01

地上三層樓・閣樓／鋼筋混凝土

克服許多限制，白色鳥籠般的家

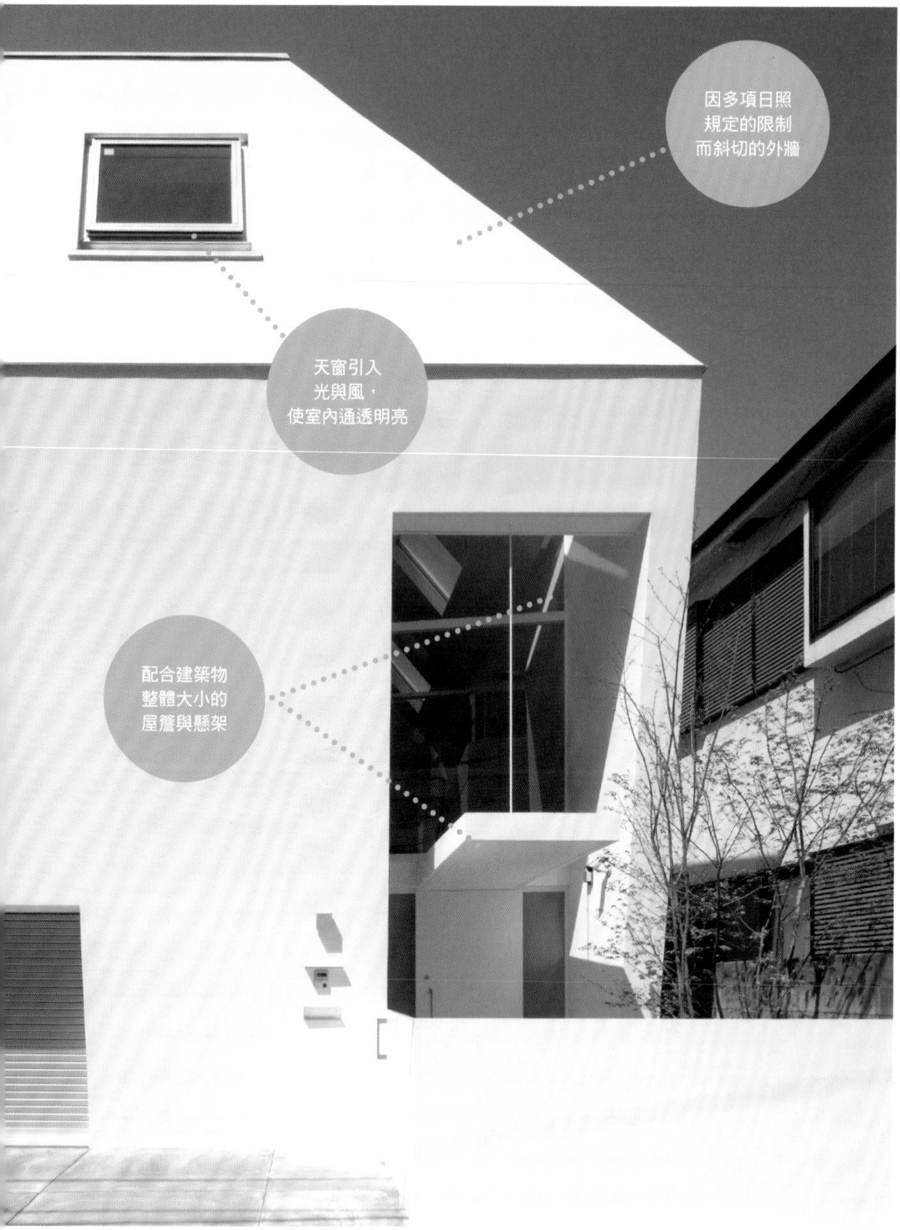
因多項日照規定的限制而斜切的外牆
天窗引入光與風，使室內通透明亮
配合建築物整體大小的屋簷與懸架

白色的住宅讓人印象十分深刻。因為道路斜線，北側斜線及日影規制等規定而限制了建築物的高度，於是產生了將外牆上方切除所留下的線條。此外，為了確保客用車位能夠在1樓外面，並希望2樓的LDK（※）可以更為寬敞，於是形成了1樓往2樓逐漸變寬，外觀有如圓胖白色鳥籠的獨特外型。為了保持建築物的白，使雨水不會從傾斜的牆面流向下方的牆壁，於是在牆壁的切邊裝上了不銹鋼的水切板。

由許多不同角度的斜牆所構成的家，讓室內空間也充滿著個性。此外，透過在各種角度的牆上所設的開口部，讓隨著季節更送與時間帶移轉，而角度也跟著變化的太陽光與自然風，能夠更有效率地被引進來。

※LDK 指的是客廳（Living room）、餐廳（Dining room）以及廚房（Kitchen）。

POINT

特色

玄關

水泥的玄關屋簷，取其厚長，調和了住宅整體的量體感受。

採光

由斜切的外牆所構成的2樓LDK，陽光由各種不同角度的窗戶灑入。

隔熱外牆用的
是灰泥調的
不透光塗料

2F

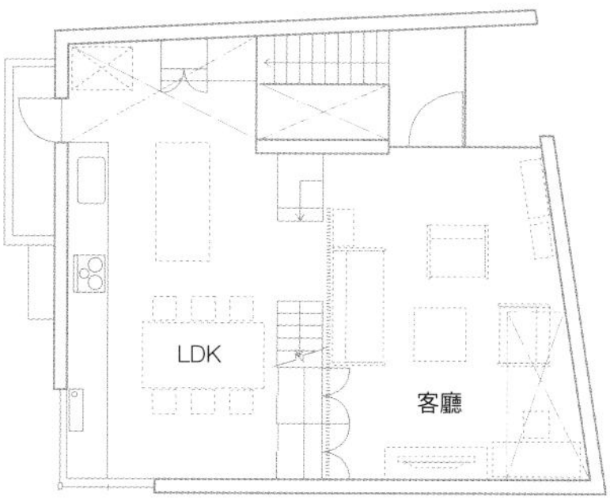
LDK
客廳

客廳、餐廳與廚房配置在2樓，確保了空間的寬敞及隱私。

PLAN

室內的空間配置

建築概要
建築面積／112.03㎡
總樓地板面積／185.78㎡
設計／田井勝馬建築設計工房

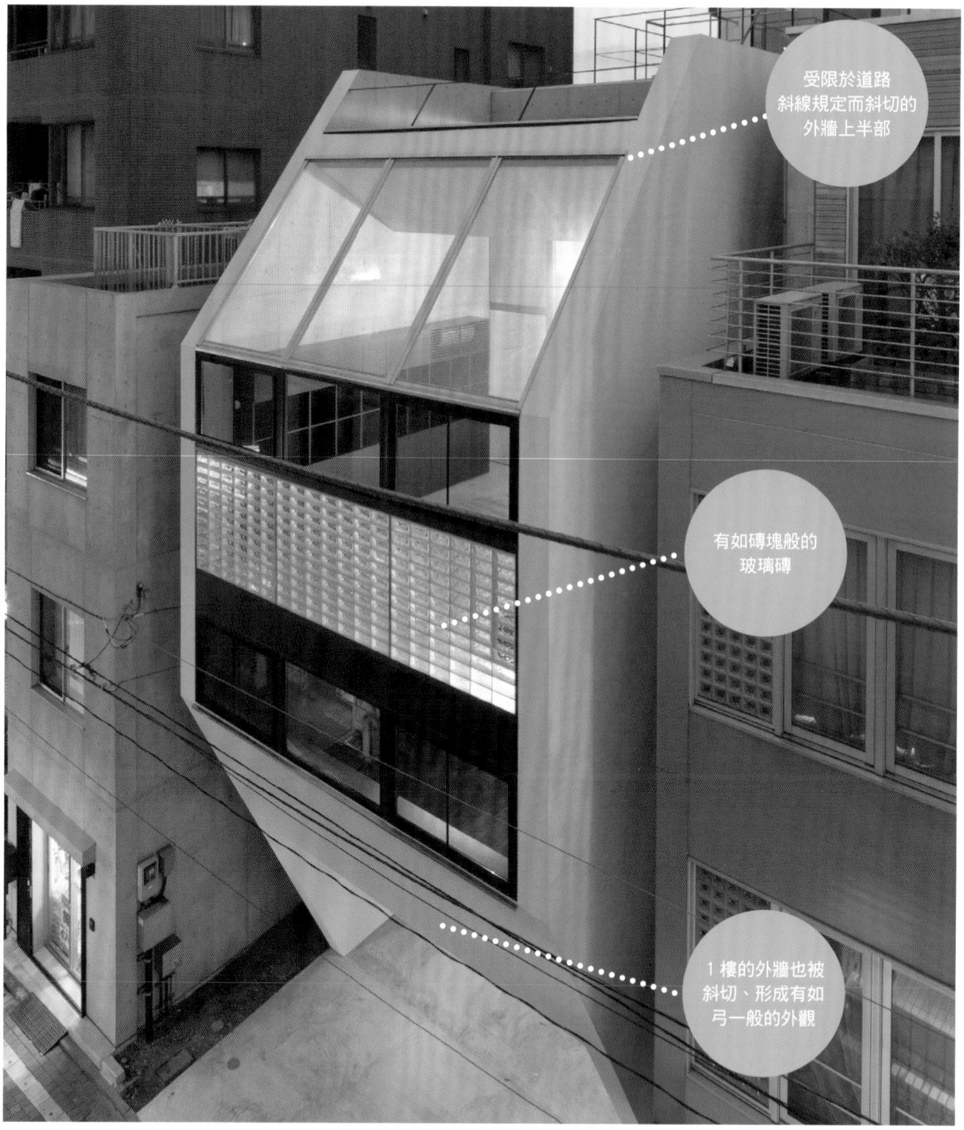
受限於道路斜線規定而斜切的外牆上半部
有如磚塊般的玻璃磚
1樓的外牆也被斜切、形成有如弓一般的外觀

建築概要
建築面積／96.80 m²
總樓地板面積／215.93 m²
設計／APOLLO

兼顧開放感與採光，弓形＋玻璃牆面

02

地上4層樓／鋼筋混凝土

面向商店街，四周都被建築物所包圍的狹長型基地。為了採光及視野，在整個正面採用玻璃磚、窗框，以及天窗。玻璃牆面被兩片外牆夾著，形成了弓形外觀。將LDK配置在3樓，透過天窗保持了空間的明亮。

POINT **特色**

玄關

外牆斜切的1樓入口。呈現出與商店街氣氛十分契合的開放感。

LDK

3樓客廳採高挑設計＋天窗讓空間寬敞明亮。設置的大型開口部讓採光充足。

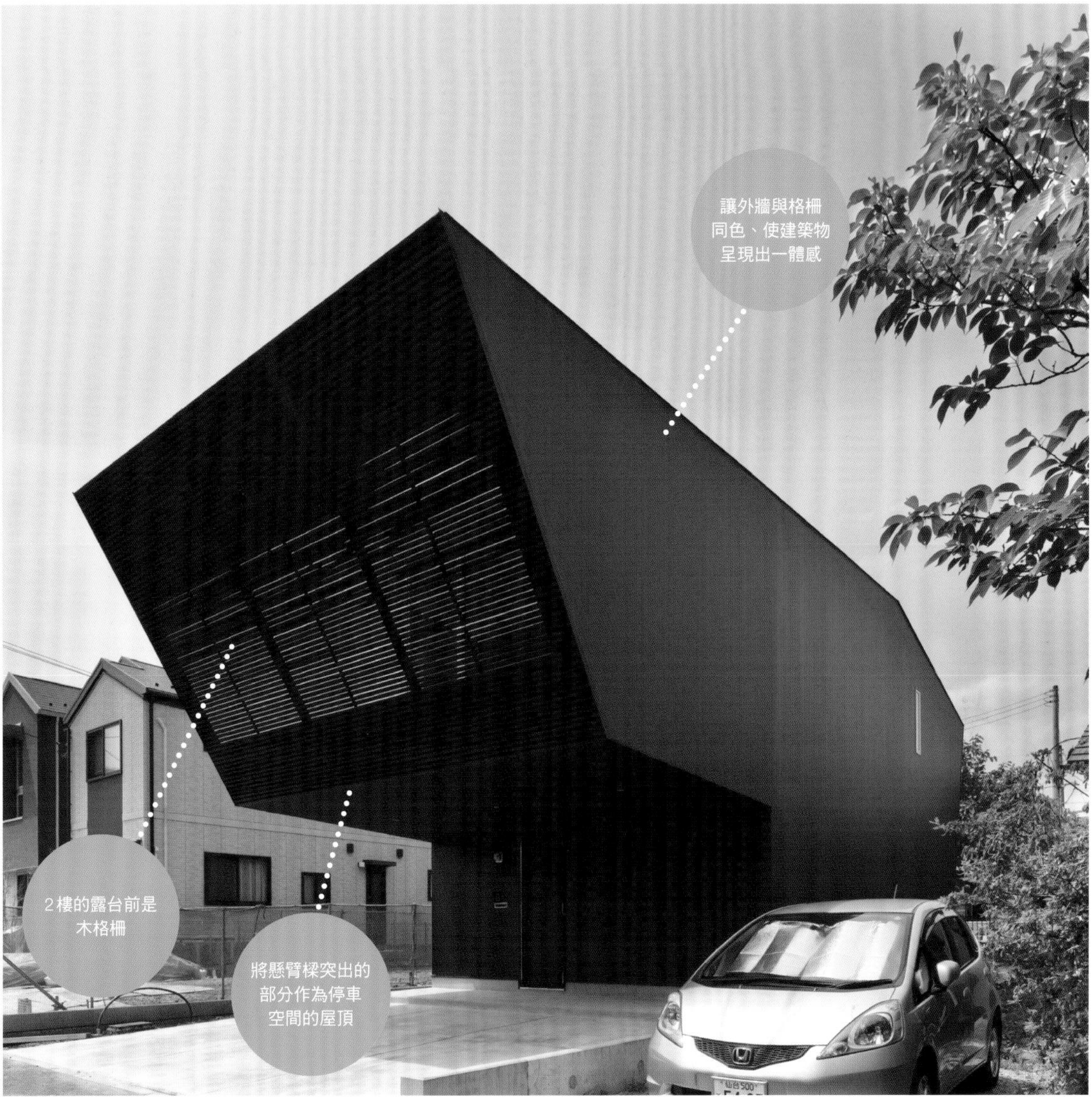
讓外牆與格柵
同色、使建築物
呈現出一體感
2樓的露台前是
木格柵
將懸臂樑突出的
部分作為停車
空間的屋頂

建築概要
建築面積／124.70 m²
總樓地板面積／124.68 m²
設計／APOLLO

特別向外突出的露台，表現出強烈的個性

03

地上2層樓／木造

2樓的露台因為懸臂樑（單邊固定樑）的構造，而形成特別向外突出的外觀。用木格柵將連接客廳的露台圍住，切斷了來自外界的視線，並確保了通風的順暢。此外，將外牆、格柵以及玄關門的顏色統一。看上去的角度不同，造型也跟著變化，是個非常有個性的設計。

POINT 特色

正面

向前突出的正面外觀、隨著眺望的角度不同，表情也跟著變化。

客廳

與2樓露台相連接的客廳。配置突起的榻榻米、打造成地板座風格的空間。

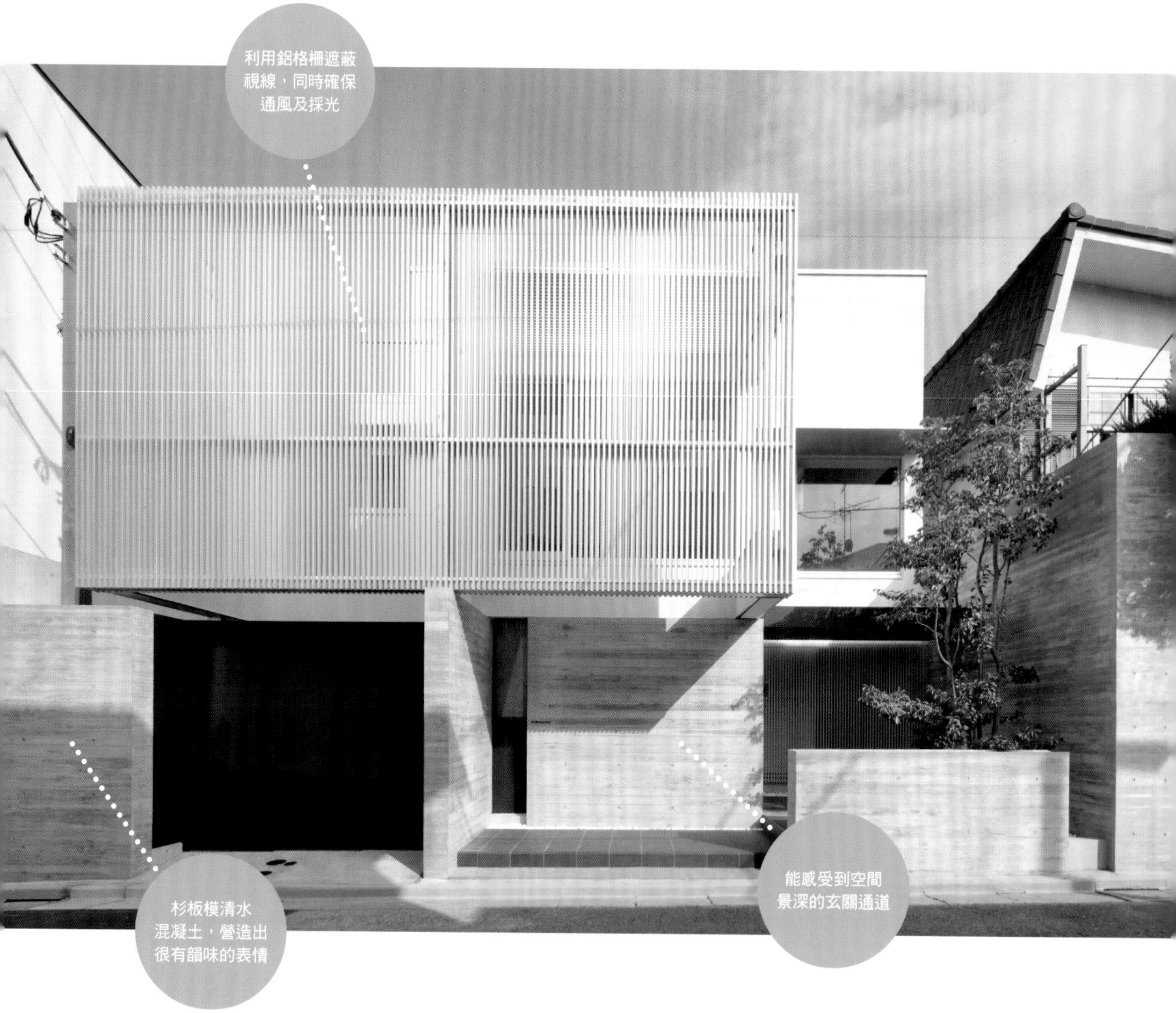
利用鋁格柵遮蔽視線，同時確保通風及採光
杉板模清水混凝土，營造出很有韻味的表情
能感受到空間景深的玄關通道

建築概要
建築面積／149.98 m²
總樓地板面積／146.65 m²
設計／田井勝馬建築設計工房

用鋁製格柵，表現出時尚感

04

地上2層樓／鋼筋混凝土・鋼骨造

南側道路的對面是公寓，同時也很靠進隔壁住戶的基地。因此決定用鋁格柵營造開放感，同時也能確保隱私的住宅外型。此外，在4個地方設置庭院以及透過住宅上半部的採光，讓光線明亮且通風順暢。

POINT **特色**

LDK（2F）

光線從面向前院及坪庭等4個庭院的窗戶與天窗灑入。

通道

讓人感受到景深的雁型玄關通道。休憩座椅和花架等親切地迎接訪客的到來。

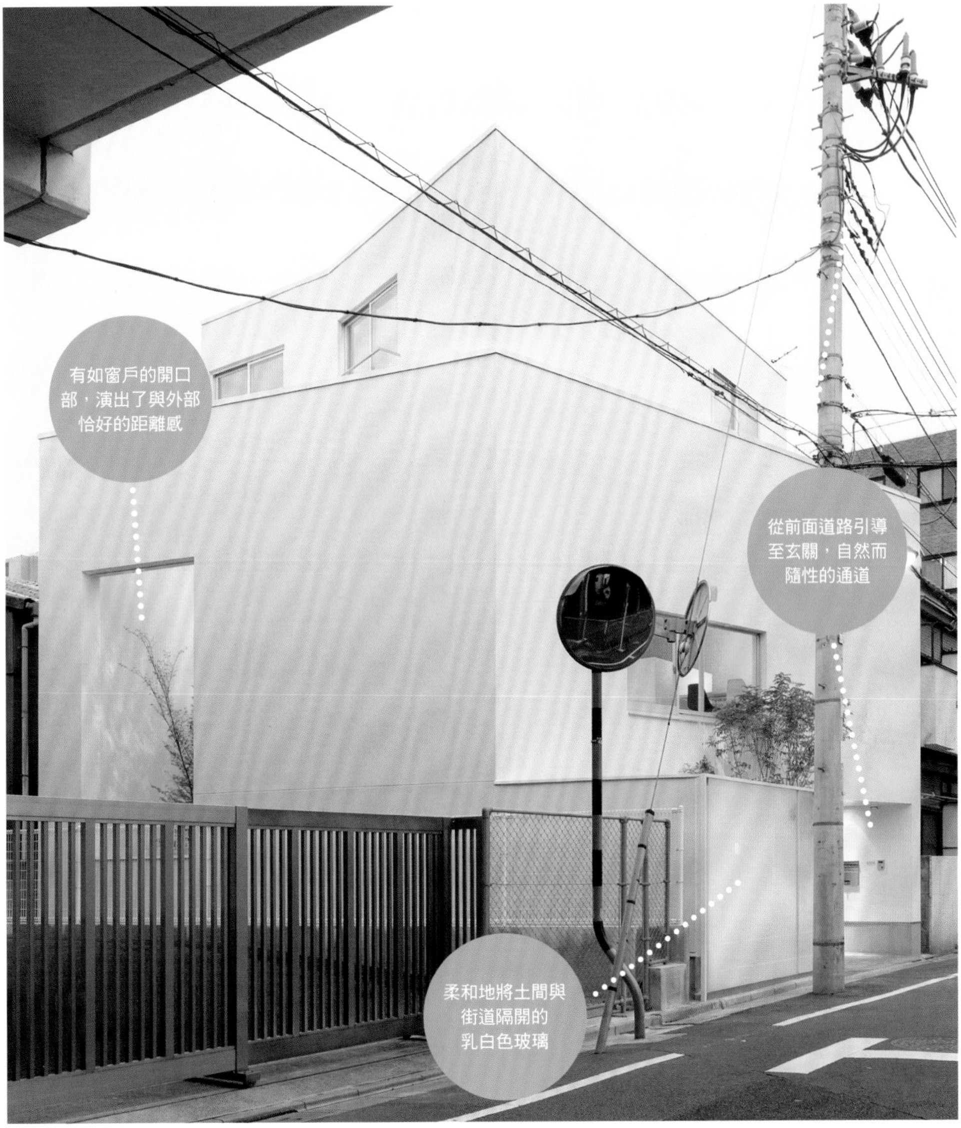
有如窗戶的開口部，演出了與外部恰好的距離感
從前面道路引導至玄關，自然而隨性的通道
柔和地將土間與街道隔開的乳白色玻璃

建築概要
建築面積／83.19 m²
總樓地板面積／133.33 m²
設計／田井勝馬建築設計工房

透過窗戶的設計與配置，營造出與街道恰好的距離感

05

地上3層樓／鋼骨造

運用各種要素，將因為久住而逐漸模糊的「與街道的距離感」表現出來的外觀。

雖然是開口部少的封閉外觀，但透過有如窗戶般的開口部、土間（※）與前面道路之間的乳白色玻璃圍欄，以及道路與玄關之間的通道，讓街道與家裡產生恰好的距離感。

POINT 特色

通道

在1樓的開口部，對著道路的斜側是玄關門，後面則是車庫。

土間（1F）

在連接客廳的土間設置乳白色玻璃，營造出與街道間的柔和距離。

※土間：日本建築中，沒有鋪設地板，可直接穿鞋走動的地方。通常是在玄關或房子的出入口。

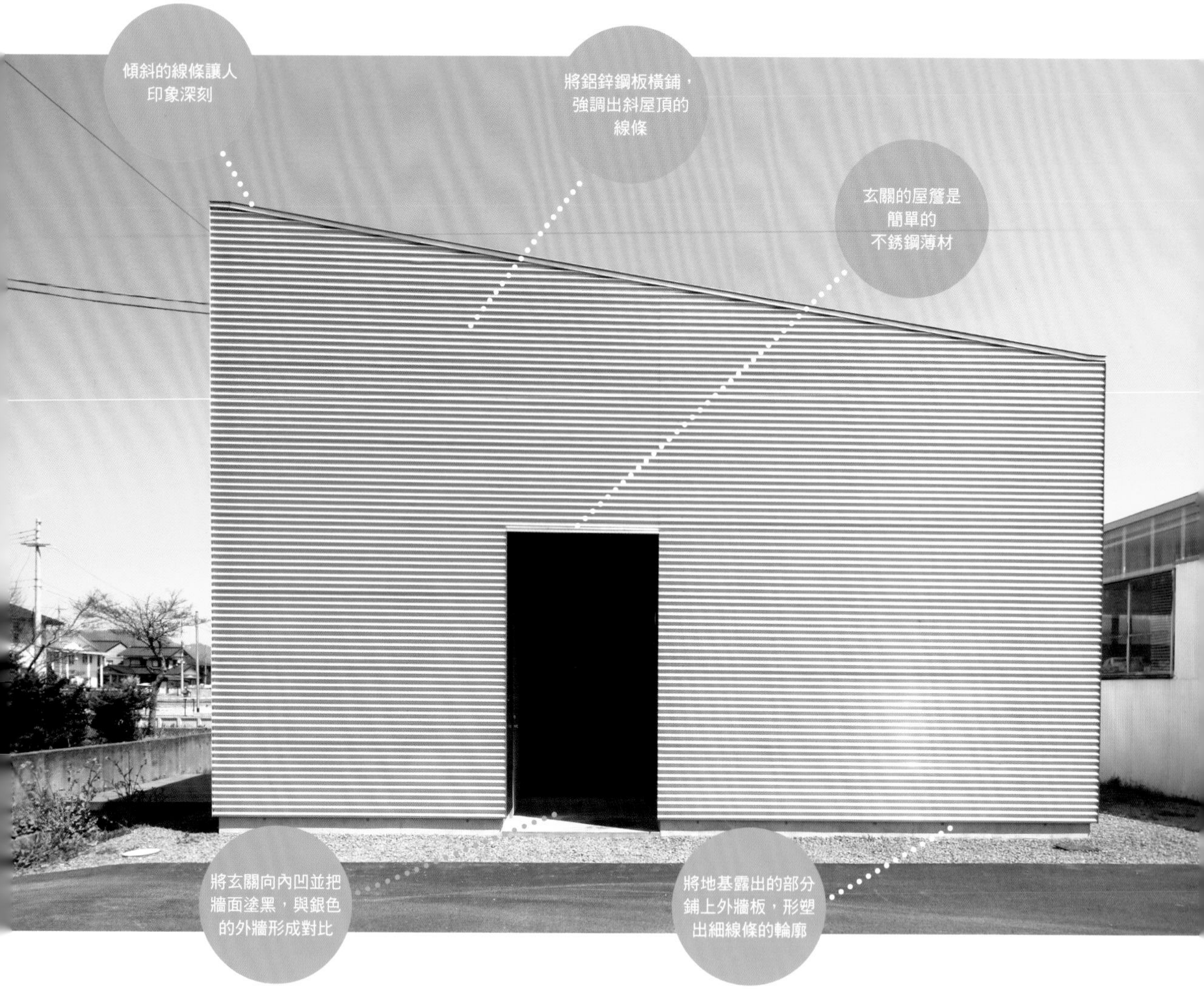
傾斜的線條讓人
印象深刻
將鋁鋅鋼板橫鋪，
強調出斜屋頂的
線條
玄關的屋簷是
簡單的
不銹鋼薄材
將玄關向內凹並把
牆面塗黑，與銀色
的外牆形成對比
將地基露出的部分
鋪上外牆板，形塑
出細線條的輪廓

建築概要
建築面積／170.00 m²
總樓地板面積／116.00 m²
設計／真野SATORU建築DESIGN室

用涼爽的素材，打造出極簡的外觀

06

地上2層樓／木造

與屋主蓋在隔壁的鐵工廠互相調和的外觀設計。因為附近的住戶不多，因此採用會反光的鋁鋅鋼板做為外牆。另外，由於是多雪地區而架高地基，為了盡量不讓露出的地基被看到，所以蓋上了金屬板而保持了涼爽的印象。

POINT 特色

LDK

讓LDK的客廳與餐廳有段差，並透過地板材質的改變，使空間也充滿著變化。

玄關

為了遮蔽從前方道路的視線，而將玄關外牆內凹。黑色牆面給人俐落感。

面向河川緩和了道路斜線限制，而能夠打造成高聳的外牆。
為了能夠吸收太陽光而發出光芒，外牆選擇的是純白色

建築概要
建築面積／65.00 m²
總樓地板面積／90.00 m²
設計／真野SATORU建築DESIGN室

朝向天空延伸的外牆，同時亦有導引風的作用

07
地上2層樓／木造

位於後面是山，前面有河的位置。外型就像是包著旁邊的主屋，相當有特色的白色住宅。正面的外牆向上延伸，就像是向沿著河川的道路敞開，讓朝夕吹來的河風能夠引入室內，解決了基地由於住宅彼此太靠近而通風不佳的缺點。

[POINT｜特色]

外牆

外型彷彿包住隔壁主屋般的外牆。同時也有讓河風能夠吹向屋內的效果。

LDK（1F）

在客廳設置了閱讀區，讓家人能夠自然地聚在一起。

不同角度的牆面，
陰影饒富趣味
斜鋪的鋁鋅鋼板
塗上保護漆的
清水混凝土

建築概要
建築面積／191.23 m²
總樓地板面積／187.19 m²
設計／充綜合計劃

傾斜的牆面，同時表現出個性與和諧

08

地上2層樓／木造

將建築物上半部的外牆傾斜，並平鋪上鋁鋅鋼板的外觀。雖然是個性強烈的設計，但是透過內斂的色調，讓整體風格與周邊的景觀十分和諧。將牆面的傾斜度調整成就像是屋簷或是屋頂一樣，避免大面積的牆面給人呆板、單調的印象，同時也降低了給附近所造成的壓迫感。

[POINT | 特色]

玄關

由於是完全分離型的兩代住宅，玄關分別設置在車棚內與角落兩處。

景觀

顧及道路側的外觀與街景之間的和諧感，壓低了高度與空間的視覺感受。

POINT

特色

工作室

為了喜歡車子的先生，將工作室設在與前面道路同高的位置，因而能夠望穿整個停車空間。

光線

隔間牆的另一側是餐廳。在上面架設頂樓露台，並且讓光線從北面的大窗進來。

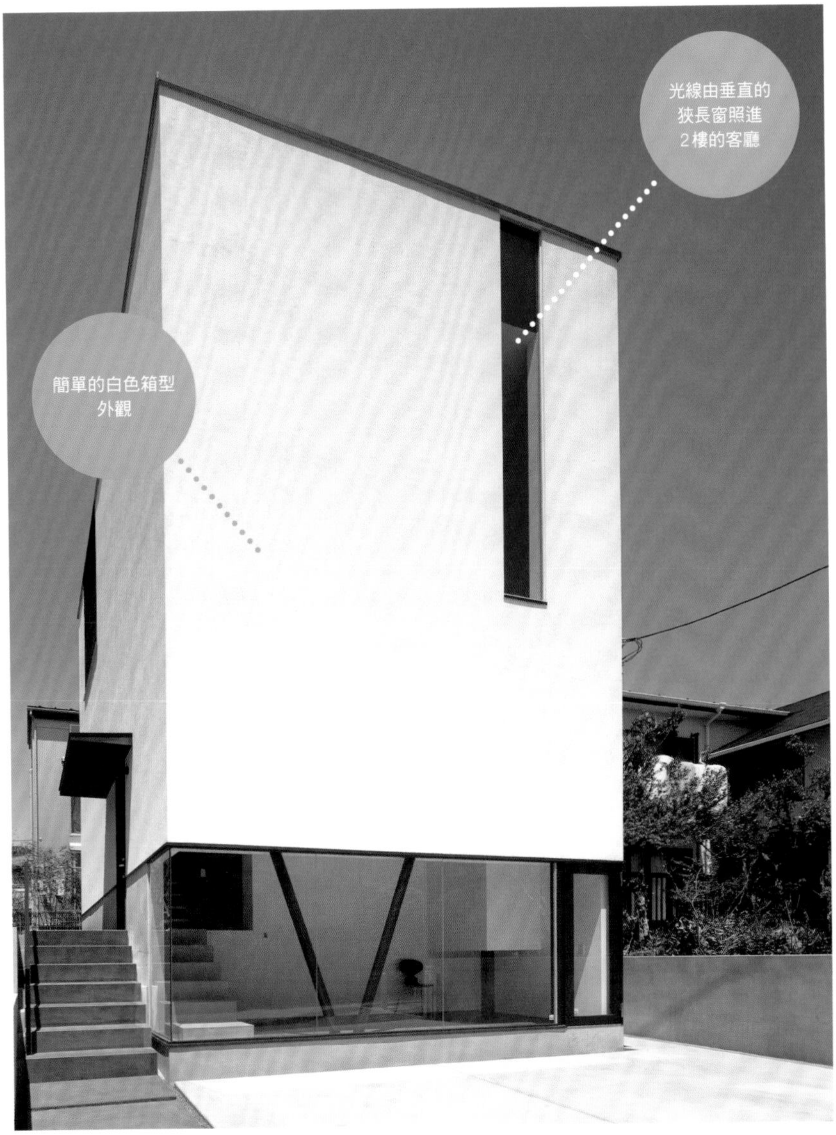
光線由垂直的狹長窗照進2樓的客廳
簡單的白色箱型外觀

建築概要
建築面積／136.49 m²
總樓地板面積／102.82 m²
設計／石川淳建築設計事務所

白色箱型的家，呈現出簡約的風格

09

地上2層樓／木造

活用有高低差的基地，讓工作室與道路同高，將居住空間設定在更高一階的SOHO型住宅。彷彿用白色箱子包圍住空間，然後放在地基的水泥基樁上般的簡單設計。不必擔心前方道路視線的居住空間，由頂樓露台確保了採光。

PLAN **1樓的空間配置**

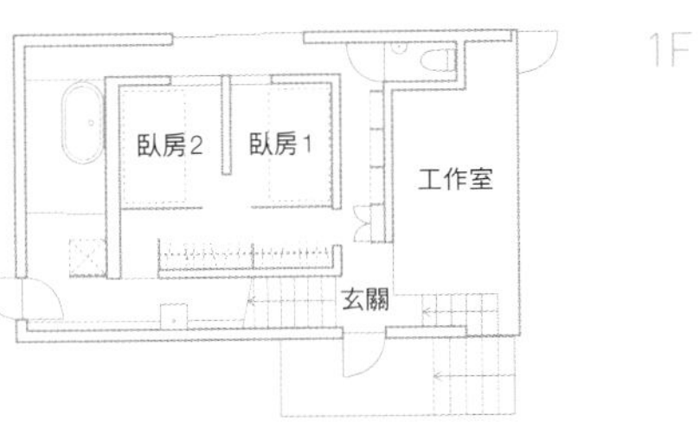
1F
臥房2
臥房1
工作室
玄關

1樓的空間構成，有如用箱子將臥室包住，然後再用更大的箱子蓋上去似的。

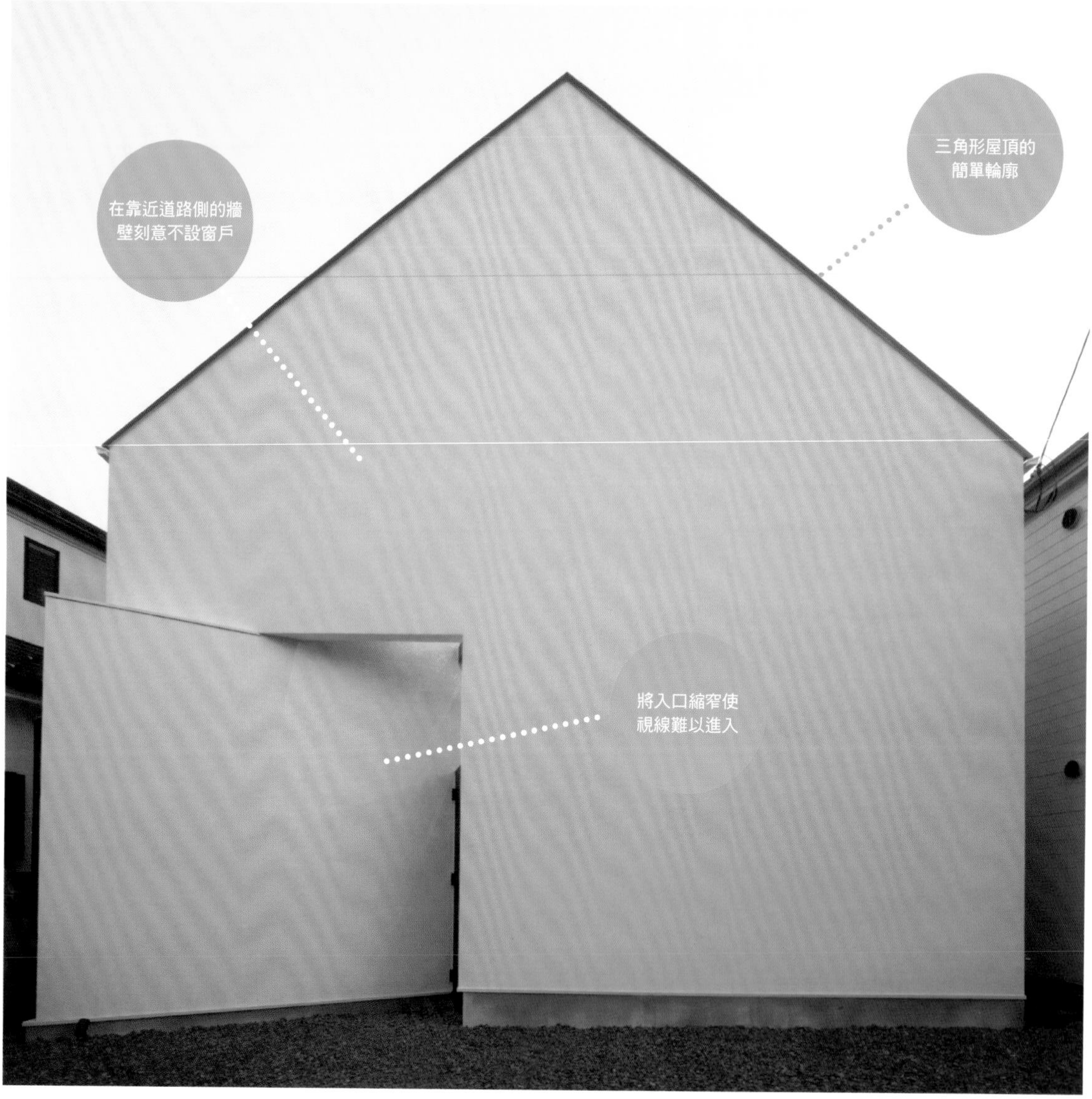
三角形屋頂的
簡單輪廓
在靠近道路側的牆
壁刻意不設窗戶
將入口縮窄使
視線難以進入

建築概要
建築面積／101.92 m²
總樓地板面積／86.77 m²
設計／石川淳建築設計事務所

斜入的牆壁充滿特色。經典的三角形屋頂

10

地上2層樓／木造

彷彿將正面的牆上切下一塊正方形，傾斜插入後，在空隙的位置裝上玄關門與窗戶。面向日出方向的斜牆，讓早晨的陽光充滿了整個室內。到了夜晚，從隙縫中露出的屋內燈光，則營造出溫馨家庭生活的形象。

POINT｜特色

玄關

傾斜的牆壁，間隙是玄關門和大型窗戶。斜牆是耐震牆。

光線

為了讓天窗將光線柔和地帶入2樓的客餐廳，將天花板附近設計成細縫狀。

POINT

特色

景觀

讓人印象深刻的開口部，與商店街的景觀十分契合。

採光

在3樓的LDK，光線由圓窗及陽台的大窗照射進來。

頂樓

來到頂樓的綠色花園，彷彿進入到一個與熱鬧的商店街不同的世界裡。

明亮的燈光，讓夜裡的商店街能感受到人的氣息
種植夏山茶樹，讓街道有了滋潤

建築概要
建築面積／78.72 m²
總樓地板面積／191.85 m²
設計／A-SEED建築設計

配置各種形狀的窗戶 讓街上的行人能感受到歡樂的氣氛

11

地上3層樓／鋼筋混凝土

位在商店街，蓋在狹小土地上的住商混合型住宅。將圓形和三角形的窗戶組成「人」的造型。這個充滿個性的設計，主要是來自於屋主「想要打造出能成為商店街象徵的建築物」的願望。為了滋潤街道，將面向街道的外牆往內縮，打造出能夠種植樹木的空間。

PLAN **3樓的空間配置**

3F

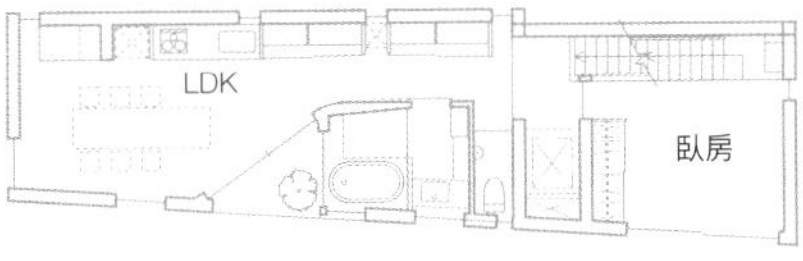
LDK
臥房

在LDK的三面、以及浴室和盥洗室都裝上窗戶，滿足了屋主希望有「寬敞、明亮空間」的期盼。

POINT

特色

眺望

從屋頂的露台能夠看到東京晴空塔，有如都會的渡假別墅。

LDK（2F）

活用基地深長的特性，讓牆壁長達12m的LDK也能兼做為家族的畫廊。

階梯

靠著外牆設置的階梯，沒有扶手和立板，營造出輕盈的形象

化身成畫框一般的窗戶
基地不受道路斜線的影響。讓整體形成方正的外觀。

有趣的畫框般的窗戶，都會的渡假別墅

12

地上3層樓／木造

建在寬4.5m、長14m的都市型狹小土地上。因為前面道路寬有6m，因此即使蓋成方正的3層樓也不會有壓迫感。

簡約時尚的外觀，利用來自印尼的天然石材，打造出有如畫框一般的窗戶，讓人印象十分深刻。同時，刻意改變窗戶的大小，表現出自然而隨性的感覺。另外，在頂樓設置陽台，營造出能夠享受眺望的快樂時光。

建築概要
建築面積／67.67 m²
總樓地板面積／141.06 m²
設計・施工／KAJA DESIGN

靠近鄰宅的牆面，
縮小窗戶
以保護隱私
通道延伸至
半地下的車庫
將4m寬的道路
和鄰居對分，住
宅與道路銜接的
寬度則為2m

建築概要
建築面積／108.66 m²
總樓地板面積／128.63 m²（不含閣樓、地下樓以及地下停車場）
設計／充綜合計劃

有節奏感的窗戶配置，讓人印象深刻的家

13

地下1層樓・地上2層樓／鋼筋混凝土・木造

基地位於私有道路的盡頭，與道路銜接的寬度規定為2m。為了停車場以及子女的生活空間，將一部分的起居室和車庫置於半地下室裡。同時利用躍層設計以確保地板面積。將面對鄰居的窗戶縮小，靠近公園的窗戶放大；各式各樣高度及大小不一的窗戶，營造出歡樂的表情。

POINT 特色

基地

基地位於寬4m私有道路的盡頭。銜接道路的寬度規定為2m。半地下化的設計，讓車庫能停放兩台車。

窗戶

南側是公園綠地。房間裡，透過高度及大小都不一樣的窗戶，能從不同的角度享受著綠意。

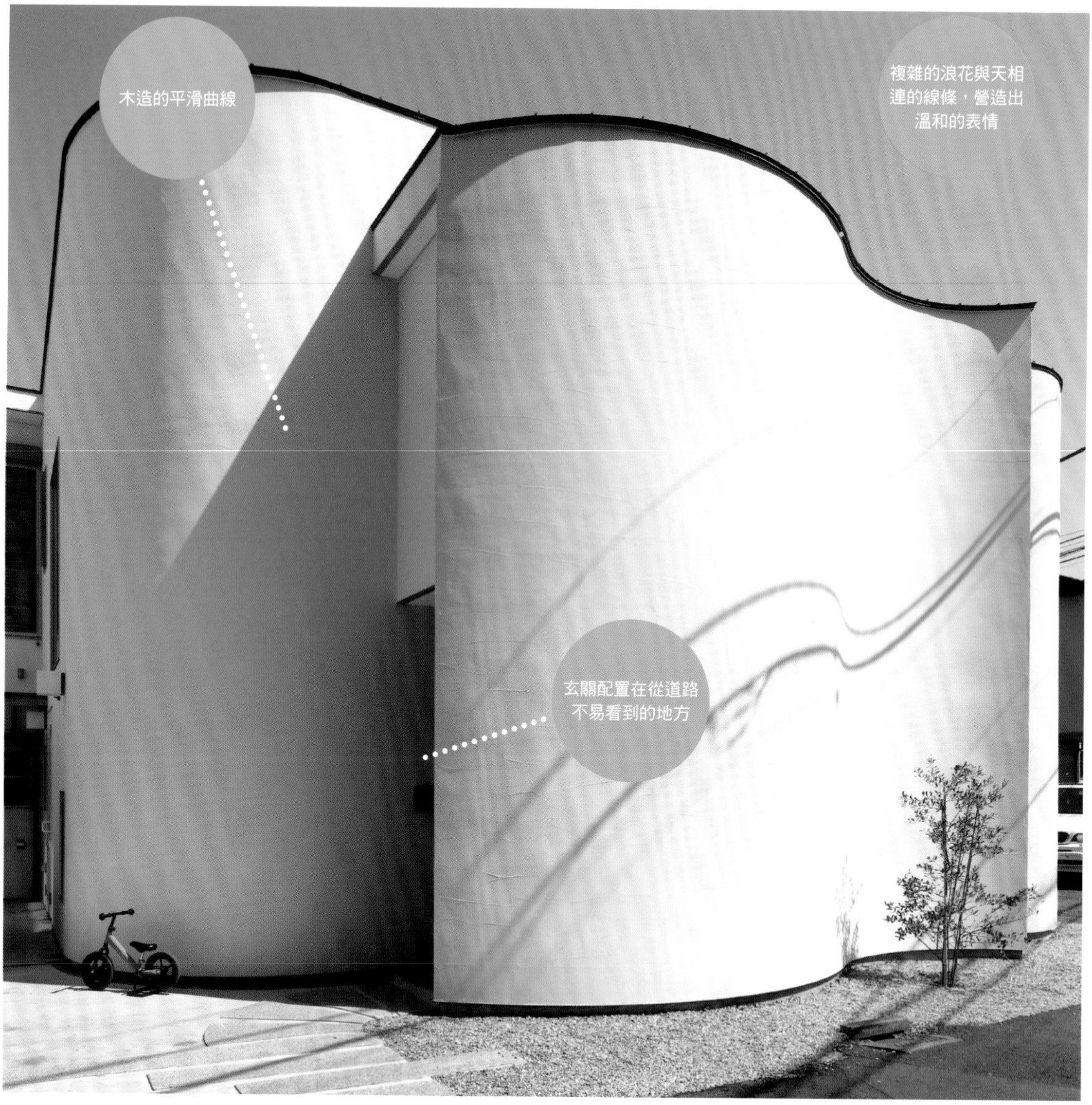
木造的平滑曲線
複雜的浪花與天相連的線條，營造出溫和的表情
玄關配置在從道路不易看到的地方

喜好音樂而打造出的「休止符之家」

建築概要
建築面積／213.92 m²
總樓地板面積／165.97 m²
設計／長谷川順持建築DESIGN OFFICE

14
地上2層樓／鋼筋混凝土・木造

「想讓家成為休憩的場所」。透過這樣的想法，為這對因音樂而互相認識的夫妻，設計出「休止符之家」。多角形的基地面對著彎道，配合著這樣的地形及位置所產生的曲面，讓建築物表現出相當獨特的表情。木造的主結構與勾勒出半圓的2個鋼筋水泥十分協調搭配，打造出非常美麗的家。

[POINT 特色]

曲線

和室是勾勒出圓弧的清水混凝土牆。曲線內側做為壁龕使用。

素材

時尚的設計，讓冰冷的水泥牆與有細微凹凸能柔和折射光線的白牆成對比。

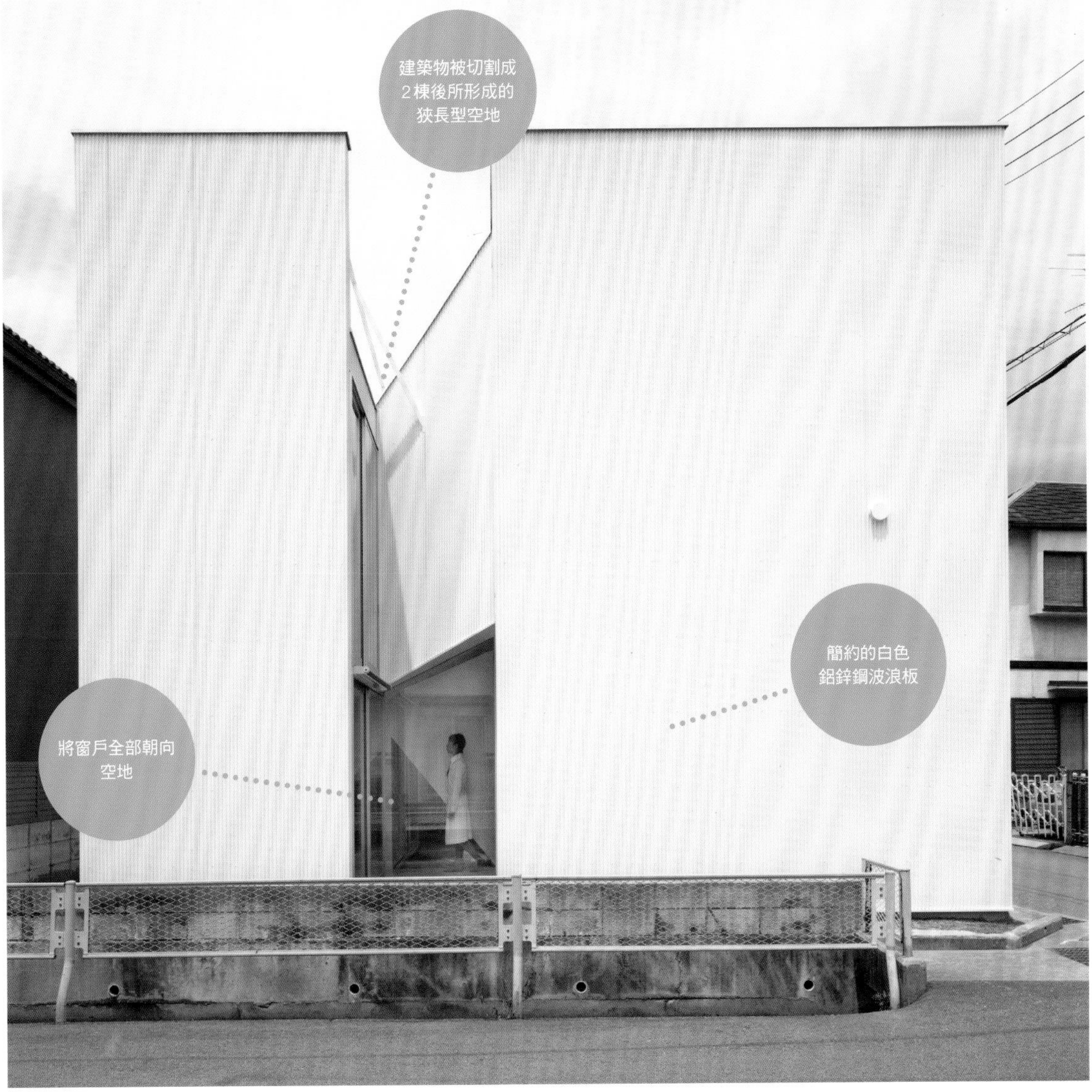
建築物被切割成
2棟後所形成的
狹長型空地
簡約的白色
鋁鋅鋼波浪板
將窗戶全部朝向
空地

建築概要
建築面積／75.15m²
總樓地板面積／95.96m²
設計／ALPHAVILLE

將2棟用橋連接，俐落的箱型住宅

15

地上2層樓／木造

屋主希望擁有能夠遮蔽外界視線，並保有中庭等開放空間的住宅。因此，將住宅分割成有臥室、玄關、停車場和LDK的北棟，以及生活用水空間與小孩房間的南棟。將窗戶朝向中間的狹長型空地，確保了隱私，並達到了採光、通風以及開放感的效果。

POINT 特色

中庭

種植植栽，不只能享受綠意，同時也有遮蔽外來視線的效果。

頂樓

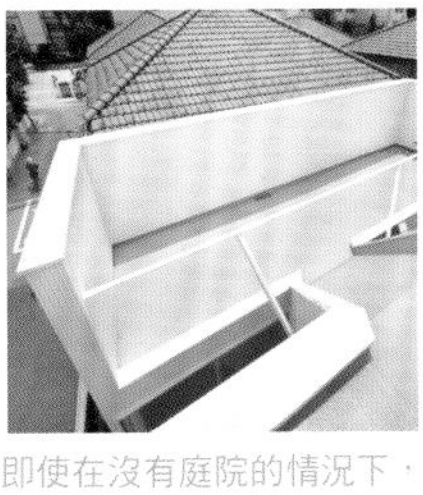

即使在沒有庭院的情況下，只要有頂樓陽台，一樣也能享受烤肉或是花園的樂趣。

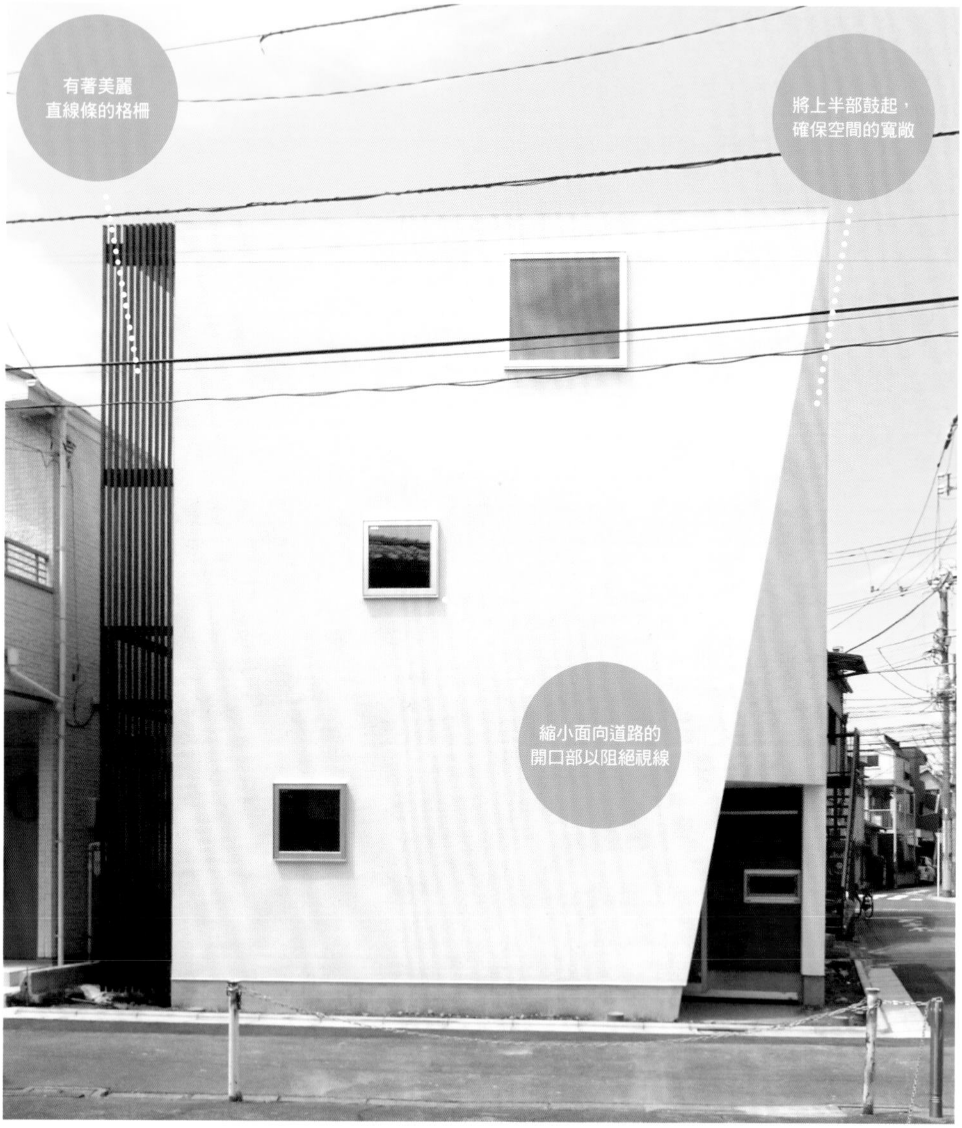
有著美麗
直線條的格柵
將上半部鼓起，
確保空間的寬敞
縮小面向道路的
開口部以阻絕視線

16

地上3層樓／木造

建築概要
建築面積／64.96 m^2
總樓地板面積／117.73 m^2
設計／充綜合計劃

受基地的限制所設計出，讓上半部表現出份量的外型

基地受限於法令，道路交叉口不得設置建築物，故必須「截角退讓」。由於建築物上方不受法令限制，因此打造成上半部向外突出，確保了生活所需的空間。面向道路側減少開口部以保護隱私。同時將窗戶順著外牆的斜面排列配置，使外觀的設計看起來整齊俐落。

POINT 特色

格柵

南側窗戶遮蔽來自東側的視線，並確保通風及採光。格柵豐富了視覺感受。

玄關

礙於法令，基地的轉角口不得設置建築物及門扉，因而將玄關設在內凹處。

POINT
特色

素材

將1樓工作室的地板做為土間，可放置屋主所喜愛的機車

光線

在LDK，光從天花板四周的窗戶進入

階梯

通往3樓的階梯，設在高處的窗戶及鐵件扶手創造出開放感

由立方體
搭疊般的外觀
外牆鋪著
鋁鋅鋼小浪板
位於2樓
LDK的高側窗
1樓的工作室，
從北側有穩定的
光線照入

建築概要
建築面積／86.06 m²
總樓地板面積／134.78 m²
設計／H.A.S.Market

在採光上發揮巧思，立方體造型的家

17

地上3層樓／木造

四周有建築物擋住日照，同時還有北側斜線制限等，條件相當不利的基地。

在對面沒有建築物的北側，將1樓的開口部放大，2樓、3樓則把窗戶設置在毋須在意外面視線的高處、以及周圍建築之間的空隙。立方體的造型，利用橫排的連窗添加了輕盈的印象。

PLAN | **2樓的空間配置**

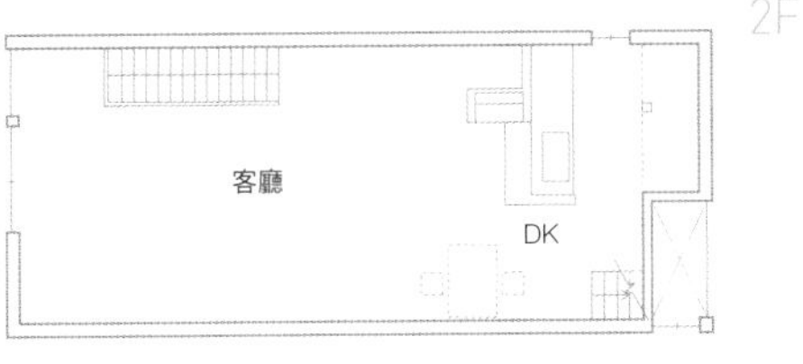
2F
客廳
DK

居住的空間在2樓以及3樓。依照屋主的希望，將2樓的LDK打造成高天花板的簡約空間。

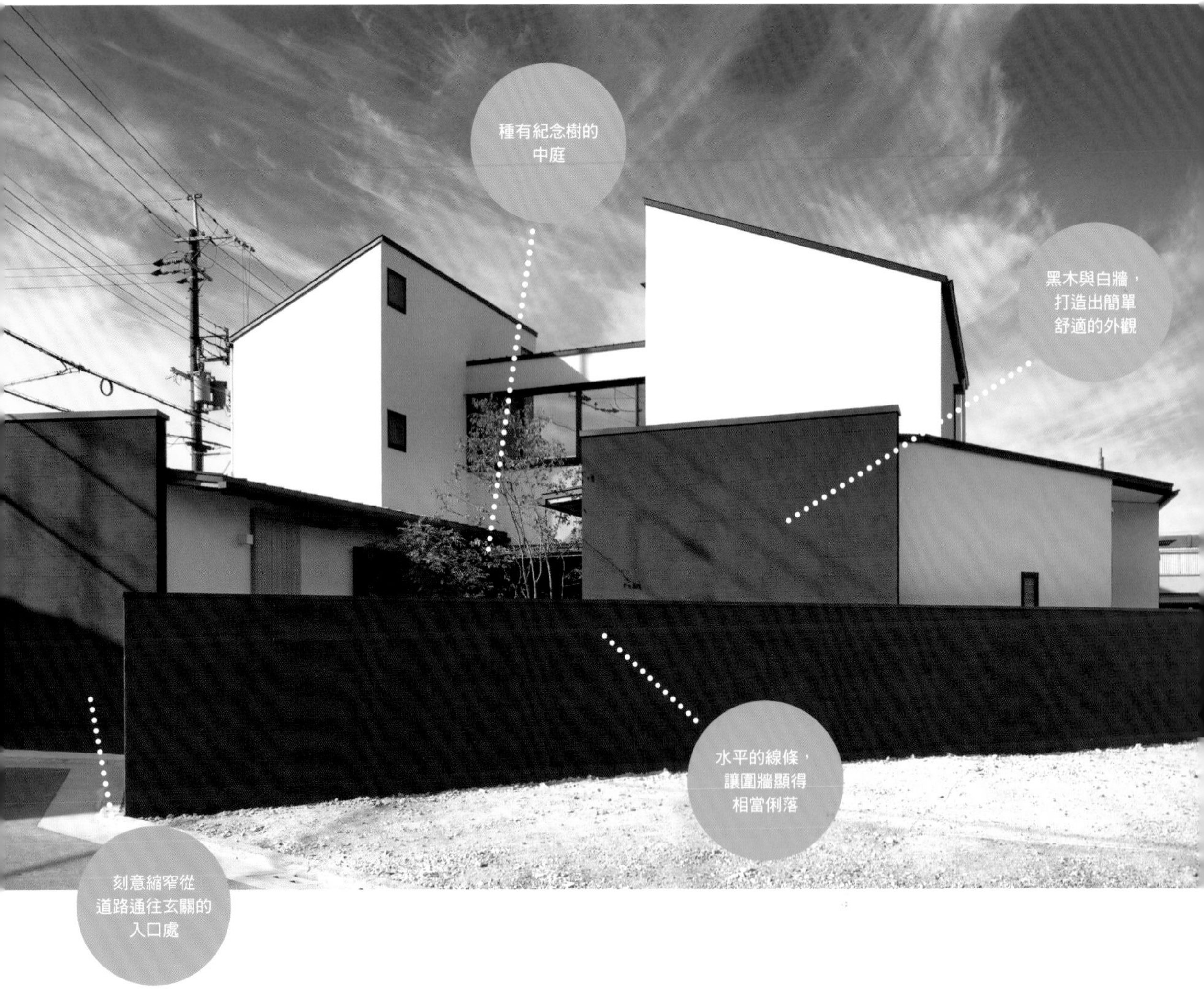
種有紀念樹的
中庭
黑木與白牆，
打造出簡單
舒適的外觀
水平的線條，
讓圍牆顯得
相當俐落
刻意縮窄從
道路通往玄關的
入口處

建築概要
建築面積／155.81 m²
總樓地板面積／119.24 m²
設計／井上久實設計室

堅固的箱子，襯托出中庭的柔潤

18

地上2層樓／木造

屋主希望能夠感受到光、風以及綠意等自然氣息、宛如旅館、非日常使用空間般的家。根據這樣的需求，規劃出沿著不規則形的基地，將建築包圍住綠意盎然的中庭，讓整體呈現ㄈ字型的設計。黑色的牆壁像是要往上蓋住2樓白牆般的搭配，形塑出相當簡約俐落的印象。

POINT | 特色

客廳（1F）

面向中庭，設置下挖式地板座的桌子，打造出第二個客廳的空間

中庭

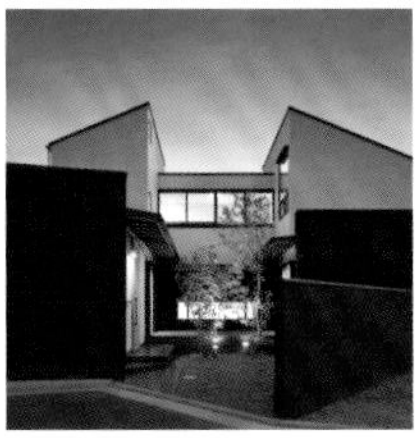
住家外觀沿著梯形基地呈現ㄈ字型。各個房間的開口面向中庭確保隱私。

POINT
特色

採光

在地下室的浴室、廁所、洗臉室不設隔間，利用高側窗的採光讓內部明亮。

玄關

上了外階梯就是雙親用的玄關。門上方的鋼製門簷，在外觀上成為了視覺的焦點。

橫貼於牆面，顏色沉穩的鍍鋁鋅鋼板
雙親用的玄關在1樓
確保地下室採光的高側窗
第二代的玄關配置在地下1樓

建築概要
建築面積／276.80 m²
總樓地板面積／199.55 m²
設計／Studio 2 Architects

活用基地條件，相當有特色的兩代同堂住宅

19
地下1層樓・地上2層樓／鋼筋混凝土・木造

蓋在限高8m、條件相當不利的基地上，完全分離的兩代同堂住宅。為了能確保7人同住的寬敞，活用容積率較寬鬆的地下室，打造成個人臥室及生活用水設施的空間。相當精簡的五角形外觀，搭配著外牆沉穩優雅的色調，讓整體設計充滿著特色。

PLAN | **1樓的空間配置**

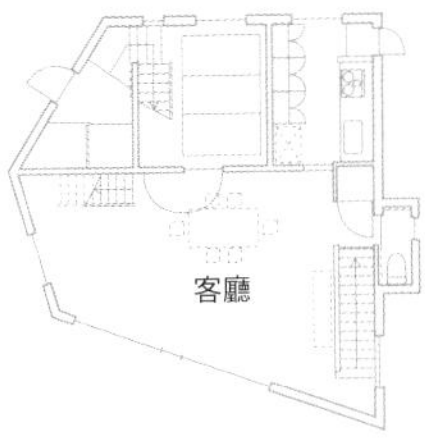

1F
客廳

完全分離的兩代同堂住宅。將來若生活方式改變，也能夠很容易地調整隔間的設計規劃。

格柵的內側是
面對3樓
客廳的露台
將U型槽玻璃
做為格柵
能感受出與
外部連結的
牆上圓孔

建築概要
建築面積／359.38 m²
總樓地板面積／757.30 m²
設計／黑木實建築研究室

20

地上4層樓／鋼筋混凝土

利用透明的格柵，柔和地遮住視線

建於靠近車站的鬧街上，4層樓的鋼筋混泥土住宅。為了多少也能感受到與室外空間的連結，在居家空間的3樓，用具有獨特的透明感、細長的U型玻璃做為格柵裝在露台前。牆上的圓孔除了具有通風效果，同時也讓外觀增添了溫柔的表情。

POINT｜特色

露台

綠意盎然的3樓露台，實現3「能夠感受到大自然氣息的房子」的願望

通風

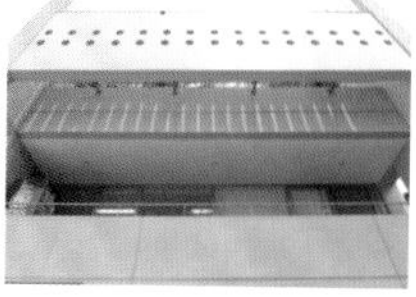
遮蔽3、4樓居家空間的外牆，在牆面增加許多開口，讓通風更為順暢

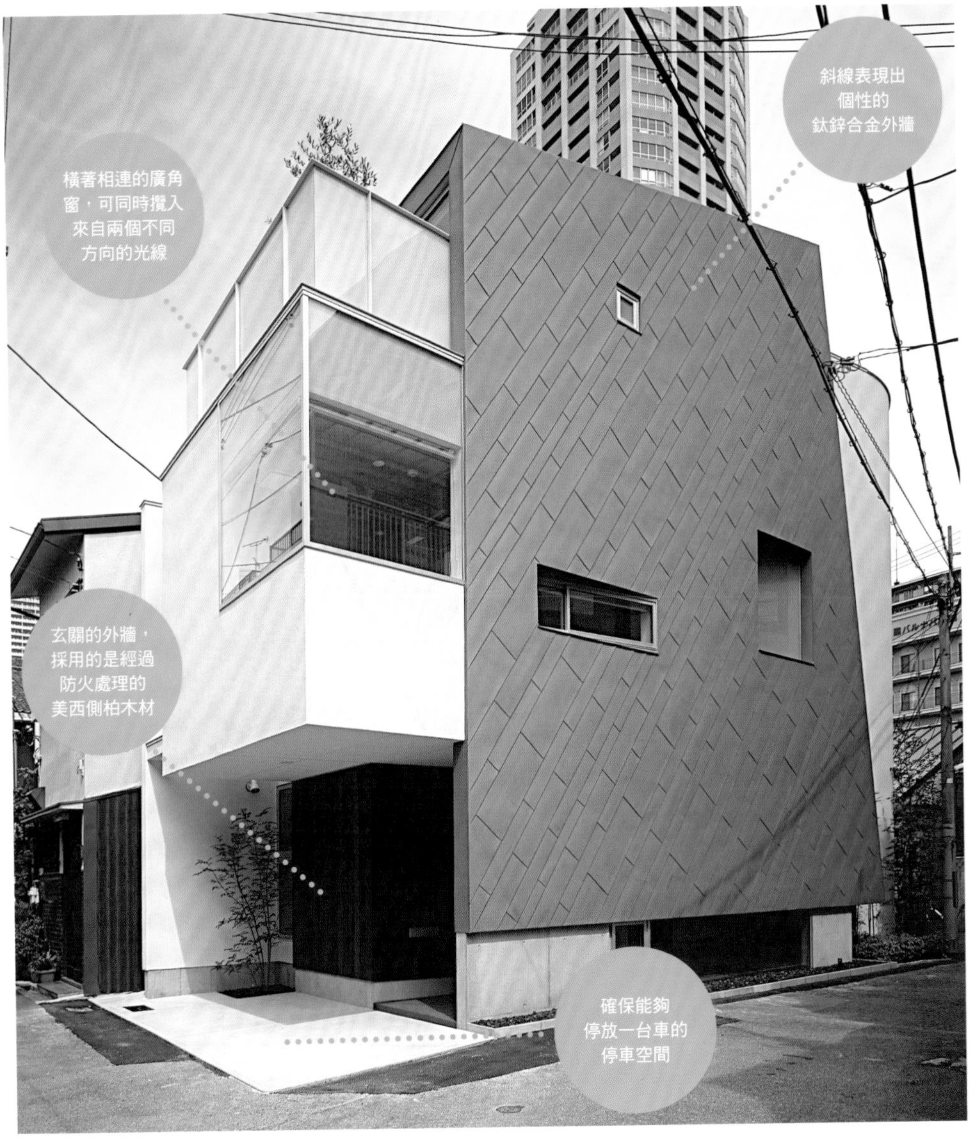

斜線表現出
個性的
鈦鋅合金外牆
橫著相連的廣角
窗，可同時攬入
來自兩個不同
方向的光線
玄關的外牆，
採用的是經過
防火處理的
美西側柏木材
確保能夠
停放一台車的
停車空間

建築概要
建築面積／70.44 m²
總樓地板面積／105.33 m²
設計／naduna工房

覆蓋住白牆的灰色盔甲，增添了獨特性

21

地上3層樓／木造

如盔甲般覆蓋住白色身軀的外牆，材質是鈦鋅合金。往斜走的線條讓人印象十分深刻。雖然是容易陰暗、狹窄的狹小住宅，但是在1樓刻意縮小開口加強「陰影」；2樓、3樓則利用廣角窗及高側窗，一方面避開鄰居的視線，同時也確保了採光。

POINT 特色

外牆

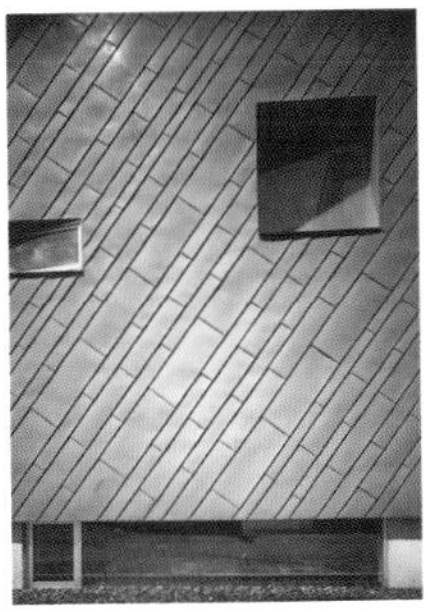

朦朧金屬色的鈦鋅合金外牆令人印象深刻，素材隨著時間劣化別有一番韻味。

土間

昏暗且狹小住宅的1樓，在玄關土間刻意營造陰影，與樓上的明亮形成對比。

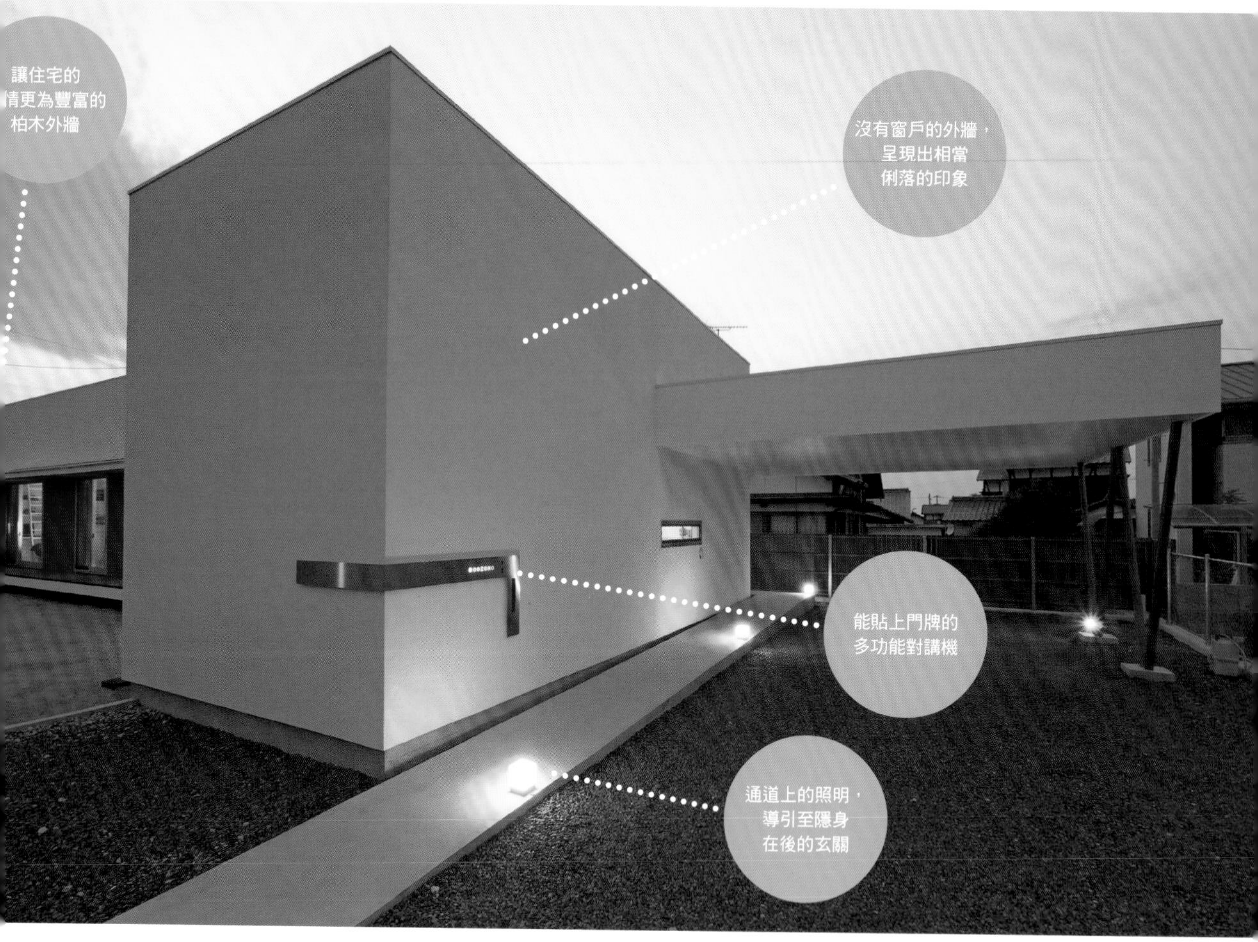

讓住宅的
情更為豐富的
柏木外牆
沒有窗戶的外牆，
呈現出相當
俐落的印象
能貼上門牌的
多功能對講機
通道上的照明，
導引至隱身
在後的玄關

建築概要
建築面積／453.41 m²
總樓地板面積／156.31 m²
設計／Yoshihiro Ishiue建築設計事務所

22

地上1層樓／木造

讓開口部最少保護隱私的家

將各起居室打造成高天花板的挑高空間，讓人在外觀上看不出是平房還是2層樓建築，呈現出相當不可思議的量體感受。通道穿過停車場的屋頂下方向前延伸，而玄關就在通道的盡頭。將面對道路的開口部盡可能地縮小，讓整體外觀給人扎實而俐落的印象。

[POINT｜特色]

平房

將房間全部朝南並列配置的橫長型平房。利用灰色的木質圍牆以確保隱私。

天花板高度

天花板高度約4m的住宅。白色基調的客間，外牆及天花板上的木板更顯突出。

橫切外牆、傾斜配置的細長窗
玄關的黑牆，加強了視覺的感受
停車位的上方也可做為居家空間加以利用

建築概要
建築面積／100.14 m²
總樓地板面積／106.0 m²
設計／石川淳建築設計事務所

簡單的三角形屋頂之家 利用2排斜窗展現出個性

23

地上3層樓／木造

外型雖然十分簡單，但是將外牆橫切的2排長窗，在外觀設計上讓人留下相當深刻的印象。在坡梯型的基地附近有櫻花盛開的公園。為了能夠從基地享受眺望天空、櫻花以及山谷等全部的景色，因此將長排的窗戶做斜線配置。細長的窗戶使外面難以窺見室內，讓人可以享受沒有窗簾的自在生活。

[POINT | **特色**]

窗戶

2排細長的橫窗。窗戶與樓梯平行，在上下樓梯時，能夠同時欣賞外面的景色。

LDK

視野極佳的頂樓設計成開放式。斜斜的窗戶能欣賞到天空及山谷的景色。

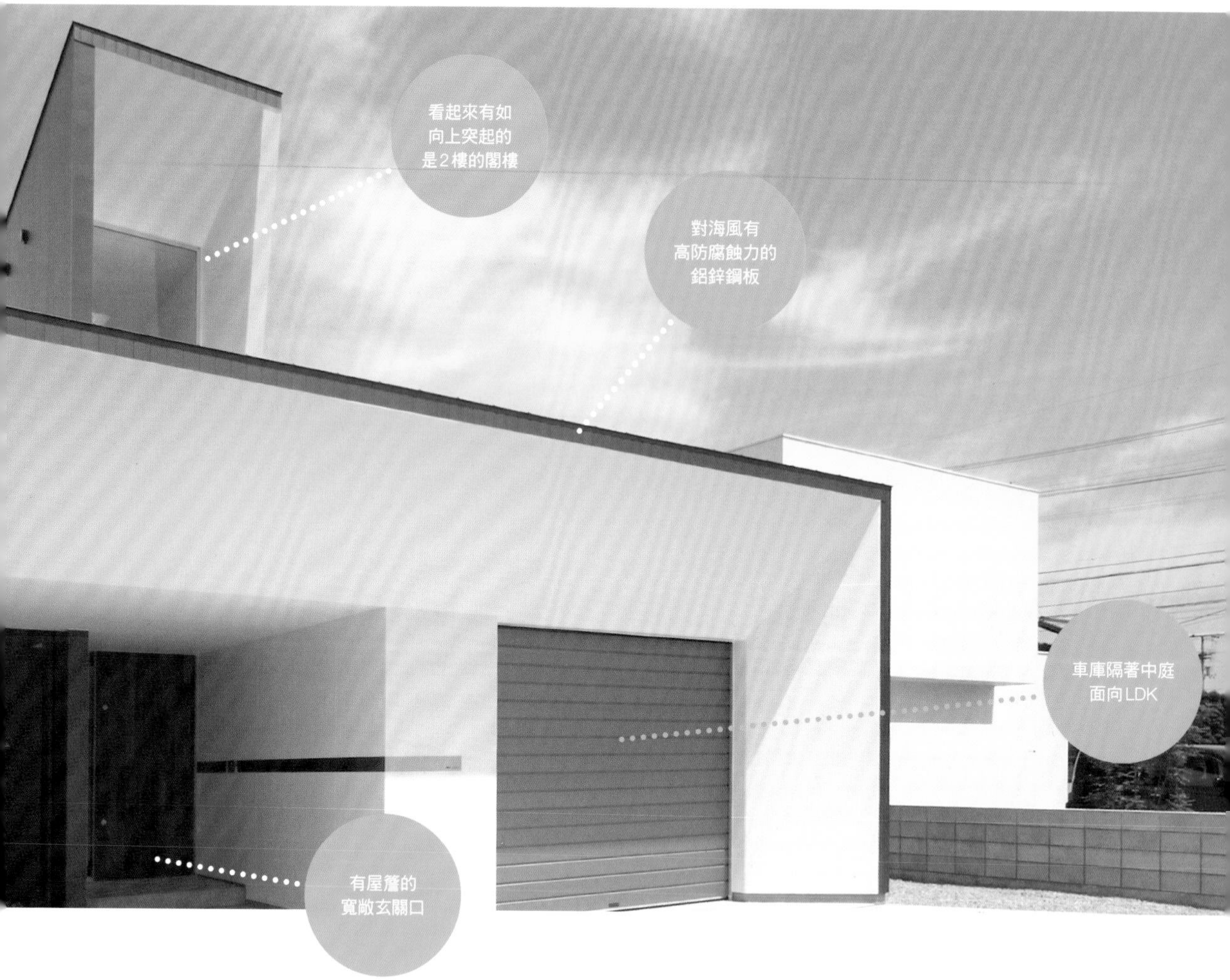
看起來有如
向上突起的
是2樓的閣樓
對海風有
高防腐蝕力的
鋁鋅鋼板
車庫隔著中庭
面向LDK
有屋簷的
寬敞玄關口

建築概要
建築面積／237.61 m²
總樓地板面積／133.79 m²
設計／Yoshihiro Ishiue建築設計事務所

燈塔般的閣樓成為家的標誌

24

地上2層樓／木造

實現了屋主「想要有寬敞的室內車庫」的家。設計的規劃是從隔著中庭的客廳，能夠直接眺望車子的動線規劃。

在2樓將建築物往後移，使得平時從道路上不易看見，但在夜裡卻有如燈塔般照耀著街道。

[POINT 特色]

玄關

往玄關引導的不銹鋼板，有對講機、郵箱跟門牌的功能。

燈光

2樓個人天地的小閣樓，到了夜裡從窗戶發出的亮光有如燈塔般照耀著。

利用LED照明，同時也能節約能源
沒有壓迫感，看起來如低層樓建築的3層樓住宅
由垂直和水平線條所構成的舒適外觀
沿著中庭的通道，玄關配置在後面

建築概要
建築面積／223.44 m²
總樓地板面積／266.14m²
設計／naduna工房

水平延伸的線條，縮小了3層樓高的量體

25

地上3層樓／木造

設計的規劃是將3樓的部分移到後面，消除對道路的壓迫感，形成有如低層樓住宅的外觀。主要生活空間的2樓，由於南側無法眺望風景，因此在面對LDK的位置設置中庭。2樓的露台能夠遮蔽視線，讓LDK多了分安心舒適感。

POINT | **特色**

露台

2樓露台的玻璃欄杆，貼有舒適透明的乳白色防碎保護膜以遮蔽視線

通道

鑲在玄關通道的屏障上的是來自玻璃創作者的積層玻璃

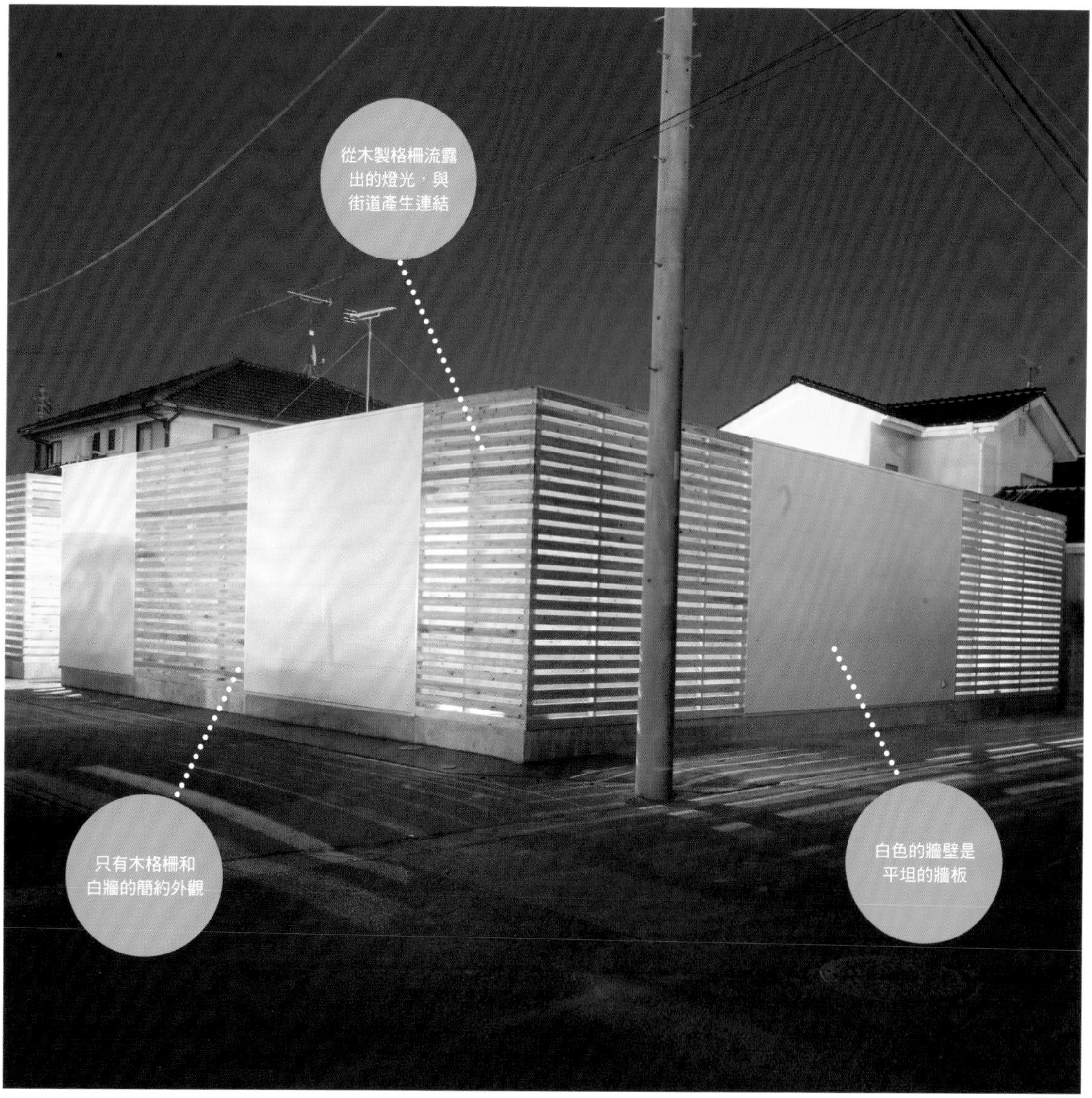
從木製格柵流露出的燈光，與街道產生連結
只有木格柵和白牆的簡約外觀
白色的牆壁是平坦的牆板

建築概要
建築面積／237.75 m²
總樓地板面積／128.36 m²
設計／岡村泰之建築設計事務所

從格柵流露出美麗的燈光，箱子般的平房住宅

26

地上1層樓／木造

外觀只由平坦的牆板以及杉木格柵所構成。白色與棕色的組合，讓人感覺十分的清爽。4角形箱子般的造型，屋頂的線條也是水平的。在格柵的內側設置了6個中庭，藉由彼此所共享的中庭，柔和地與第2代的生活空間連接著。

POINT｜特色

浴室

格柵的內側是中庭。明亮的光線照進有著大窗的浴室。

中庭

打開玄關門，光與風由面向土間的中庭進來。

POINT

特色

窗戶

裝上許多的小窗戶，確保了隱私也得到開放感。

LDK

有2面採光，十分明亮的2樓LDK。在螺旋狀高處位置的窗，能夠看見天空。

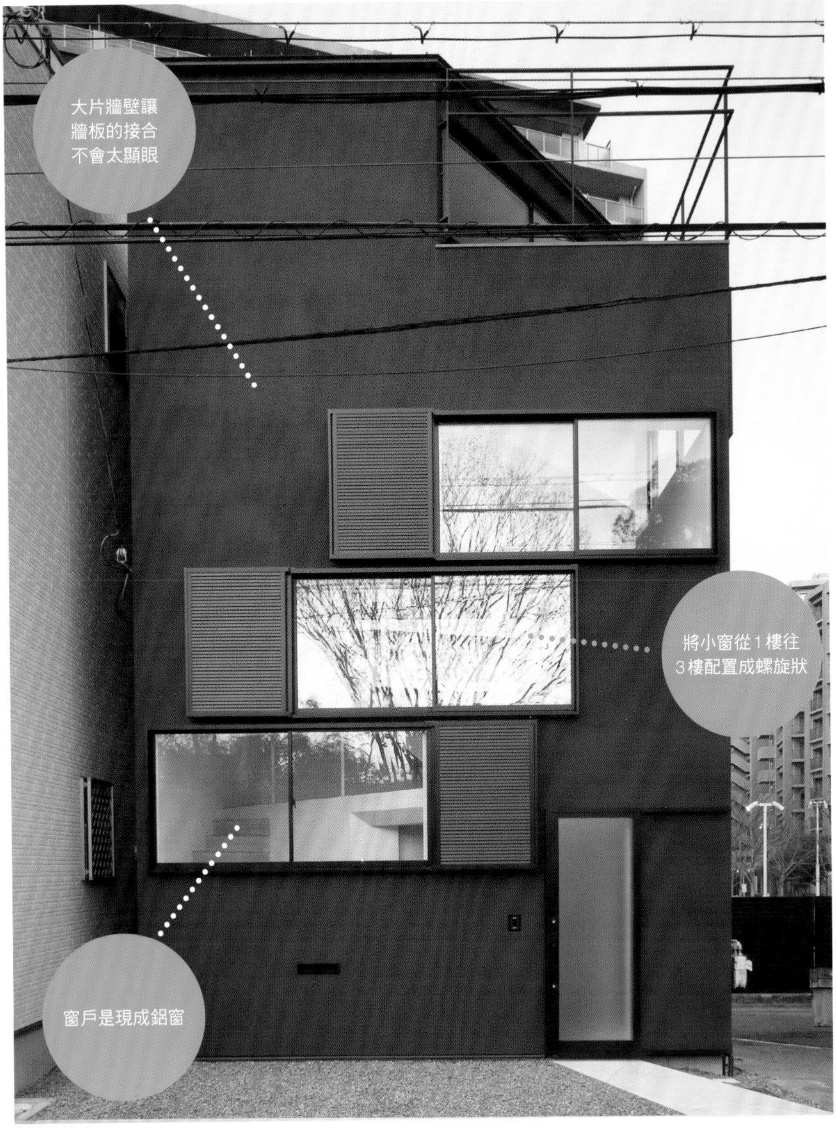

大片牆壁讓牆板的接合不會太顯眼
將小窗從1樓往3樓配置成螺旋狀
窗戶是現成鋁窗

建築概要
建築面積／48.39 m²
總樓地板面積／81.42 m²
設計／ALPHAVILLE

螺旋狀配置的小窗戶。讓全黑的外牆多了份活潑感

27

地上3層樓／木造

由於是被交通流量頻繁的道路、與其他建築物所包圍的狹窄土地，為了能夠保護隱私並享受有開放感的空間，因此不使用大窗，而是配置著許多小窗戶。正方形的窗戶斜著接連並排，讓外觀呈現出生動活潑的表情。

PLAN | **1、2樓的空間配置**

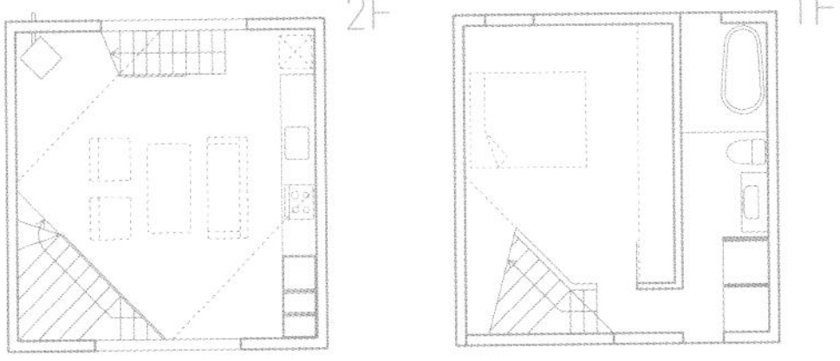

2F
1F

玄關、主臥室、浴室及廁所在1樓，2樓是LDK，3樓則是小孩的房間。讓樓梯沿著牆壁，使空間在使用上更加自在舒適。

POINT
特色

客廳

3代同堂的家。玄關雖然分開，但是透過面向客廳的陽台連接著彼此。

屋頂

全家都能共享的屋頂。將露出的水泥地用木質露台覆蓋，打造出有如客廳般的空間。

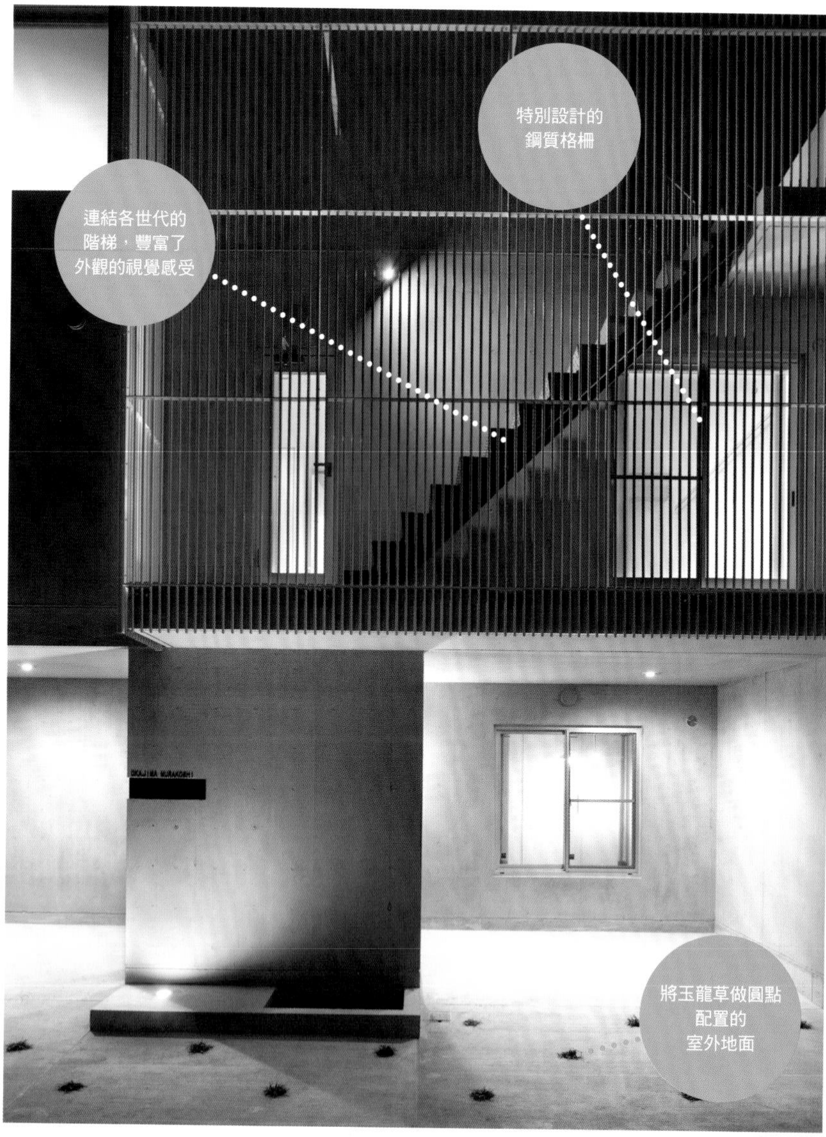
特別設計的
鋼質格柵
連結各世代的
階梯，豐富了
外觀的視覺感受
將玉龍草做圓點
配置的
室外地面

建築概要
建築面積／141.62 m²
總樓地板面積／224.81 m²
設計・施工／RC-AGE

28

地上3層樓／鋼筋混凝土

清水混凝土的立面，利用鋼質格柵呈現出纖細感

3代同堂的3層樓鋼筋水泥建築。清水混凝土的厚重感與周圍不太協調，利用陽台的鋼質格柵的纖細，緩和了這份不和諧感。種植在門外地面的玉龍草，圓點的配置讓外觀演出相當獨特的風格。

PLAN | **2樓的空間配置**

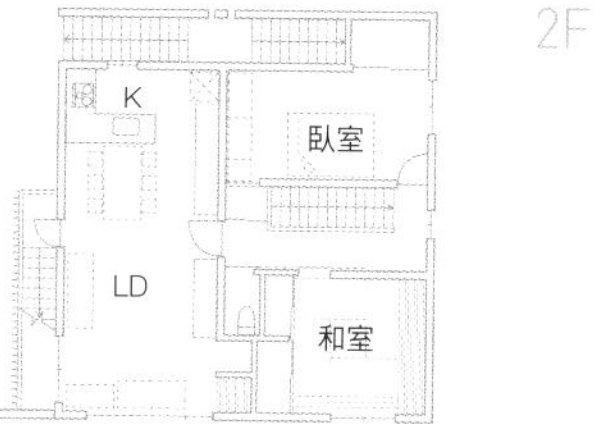
2F
K
臥室
LD
和室

雖然是1樓+2、3樓完全分離的家，但是2樓、3樓可利用外樓梯自由進出。

減少開口部的
大片鋁鋅鋼板牆，
阻絕了外界的視線
外牆為隔熱材。
白色的
牆塗上灰泥修飾
階梯狀的基地。
將玄關通道
做成坡道

建築概要
建築面積／187.54 m²
總樓地板面積／187.76 m²
設計・施工／工房

克服了基地的缺陷，讓開口部充滿節奏

29

地下1層樓・地上3層樓／鋼筋混凝土

東西側因為面向道路而難確保隱私，因此在東西側豎起大牆以解決這個問題。

在呈現ㄈ字型開口的南側設置中庭，同時注重隔熱效果，打造出相當舒適開放的空間。深藍色的鋁鋅鋼板與內側的白色牆面形成對比，呈現出非常洗鍊的感覺。

[POINT | 特色]

車庫

在利用西側地下空間，打造室內車庫。東側大牆，遮擋了來自道路的視線。

隔熱性

南側大型開口。考量整體隔熱性，採用外牆隔熱、木造建築用的樹脂框窗。

Chapter
2

自然現代風

由木材、天然石材以及土牆等，
強調自然感覺的外觀風格，
不僅是居住者的生活、
同時也帶給街道滋潤與溫暖的感受。
以植栽代替圍欄、
用格柵柔和地圍繞庭院，
或是巧妙地引進光與風等，
豐富地運用各種創意與設計。

NATURAL
MODERN

NATURAL MODERN

01

地上2層樓／木造

簡單的箱子造型，用講究的配件豐富視覺

舒適俐落的
箱型外觀
純白的牆漆著砂紋
JOLYPATE塗料

由於住宅位於有商店街的鬧區，為了避免與周圍格格不入，因此以簡單的箱型做為基礎。為了添加溫暖的氣息與柔和的感覺，在素材及配色方面也下了許多工夫。

例如在玄關兩邊的木格柵，選的是灰藍色的柔和色調。此外，從古董的玄關門到圍欄以及門柱等，連細部也都非常講究、形成新舊十分調和、讓人感受到溫暖的家。

建築概要
建築面積／148.76㎡
總樓地板面積／115.95㎡
設計・施工／拓穂工務店

POINT
特色

玄關門

玄關門是以前雜貨店所用的門，非常地具有歷史感。讓簡約的外型增添溫暖的氣息。

內部裝潢

鞋櫃的門、把手以及窗戶的玻璃等室內的擺設與裝潢，連細節也都十分講究。

門鈴

玄關除了對講機，還有古董門鈴。可愛的小貓迎接著客人的到來。

約等距並排的上下拉窗，造型相當可愛
兼做屏障的木格柵

PLAN
室內的空間配置

2F

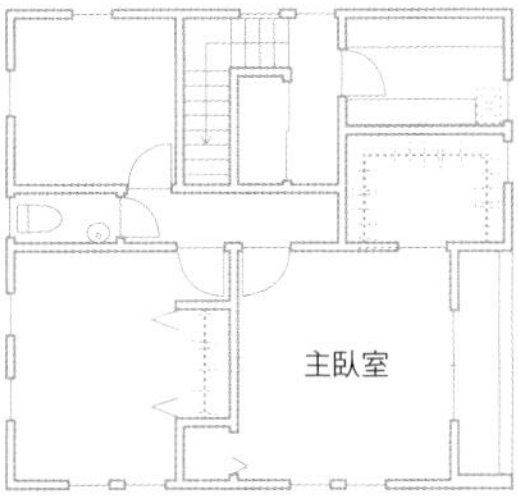
主臥室

2樓除了主臥室，另外也設置了兩個房間以供小孩返鄉回家時使用。

1F

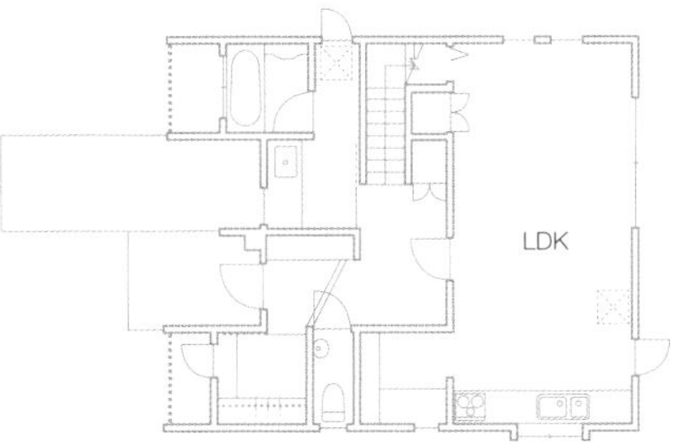
LDK

在1樓是寬敞的LDK以及浴室等用水設施的空間。

02

地上2層樓／木造

能感受到材質感的格柵，讓整體散發出自然氣息

面向道路，
將格柵狀的木條
並排以隔絕視線
活用房子重建前
所留下的植栽
從基地的角落
穿過L型的
通道前往玄關

在這個從裡到外都十分重視自然的家，由散發出木材感的粗條格柵包圍著。

因此可以不必在意外面的視線，而且能夠自在地在2樓的露台上烤肉，並能享受真正的家庭菜園的樂趣。此外，格柵外的庭院樹則增加了自然氣息，並豐富了視覺感受；同時，也與基地中庭內的樹木彼此融合呼應。

POINT

特色

露台（2樓）

1樓臥室的上方是十分寬敞的露台，能夠舉辦烤肉等活動。

田園

外儲藏室的屋頂也是通往露台的階梯。在旁邊打造出陽光充足的梯形菜園，實現了「農耕生活」。

眺望

從客廳、餐廳可看見明亮的中庭，以及蓋在階梯上的豐收菜園。

若隱若現的白牆與線條，形成相當自然的印象
利用現有的木板做為儲藏室的拉門

PLAN

室內的空間配置

2F

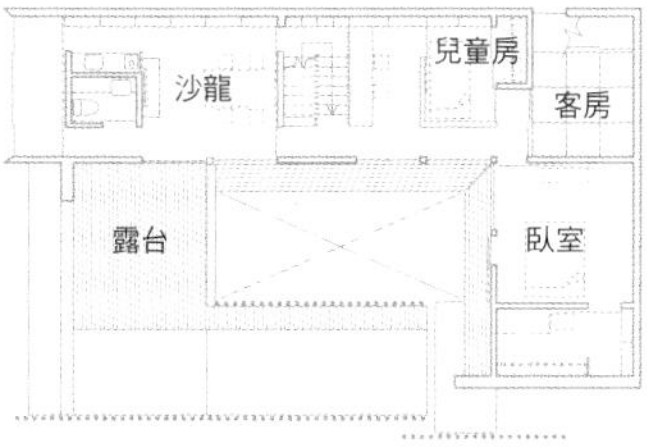

沙龍
兒童房
客房
露台
臥室

2樓是子女的臥室，並設置了附有迷你廚房、能夠放鬆心情的沙龍客廳

1F

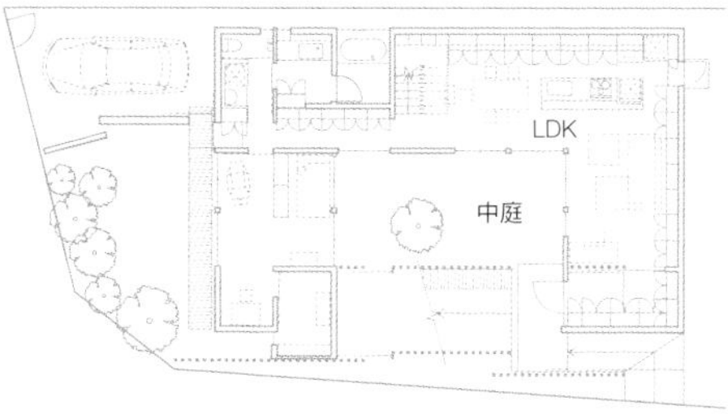

LDK
中庭

母親的臥室顧及了隱私而隔著中庭與LDK柔和地連接著。

建築概要
建築面積／283.94 m²
總樓地板面積／188.80 m²
設計／設計atelier一級建築士事務所

03

地上2層樓／部分木造、鋼筋混凝土

調和基地的個性與自然，與周圍景色融為一體的外觀

相當適合雜木林與田園景色的多面體屋頂
與前方道路相連的通道，鋪著爪哇產的石材
有開口穿透的建築，自然地導向南側的雜木林

外觀就像是開門的家，讓穿透建築的正中央大開口將前面道路引導至充滿綠意的基地裡。多面體的屋頂和後面的雜木林及附近的田園景色十分搭配。穿過通道回頭看，不同於正面的外觀設計，出現的是LDK以及臥室等的大型開口。善用有高低差的基地及周邊環境，打造出與大自然相當協調的家。

POINT

特色

LDK

由於基地有高低差，因此從2樓的LDK到庭院也很近。平坦的露台柔和地連接著庭院與客廳。

天花板

位於2.5樓的客房用橋與LDK隔開，是個獨立性相當高的空間。天花板則來自多面體造型的屋頂。

浴室

隔著通往臥室的走廊，是能夠看見庭院與雜木林的浴室。由於在南北都有開口，因此通風十分良好。

精心挑選樹形優美的桂花樹做為街道的象徵樹
木紋完整沒有樹節的加拿大美西側柏木

PLAN

室內的空間配置

1.5—2F

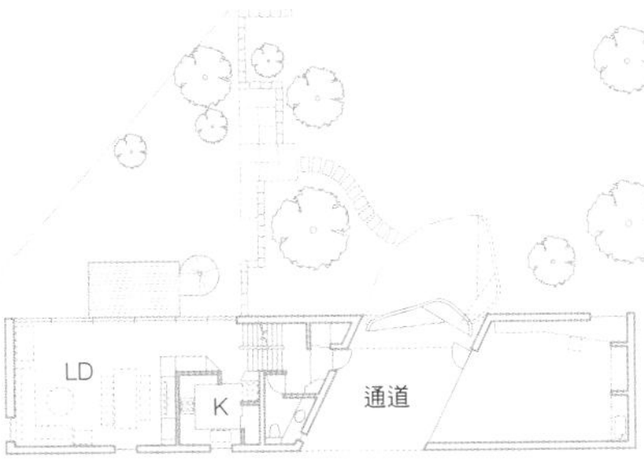
LD
K
通道

在西側的1.5樓是車庫；東側的1.5樓則是玄關，2樓是LDK；再往上半樓就是書齋及客房。

1F

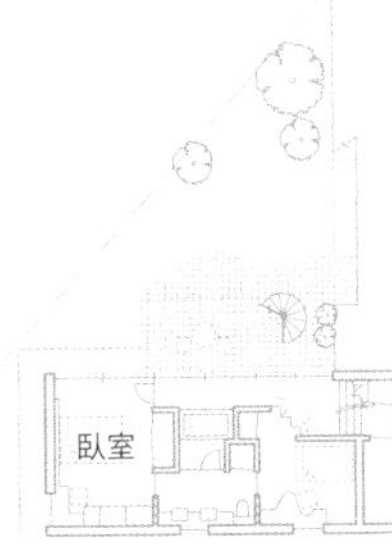
臥室

1樓是臥室與浴室。面對道路的北側將開口部縮小；而南邊的庭院則設計成寬敞的開口。

建築概要
建築面積／852.98 m²
總樓地板面積／188.80 m²
設計／橫河設計工房

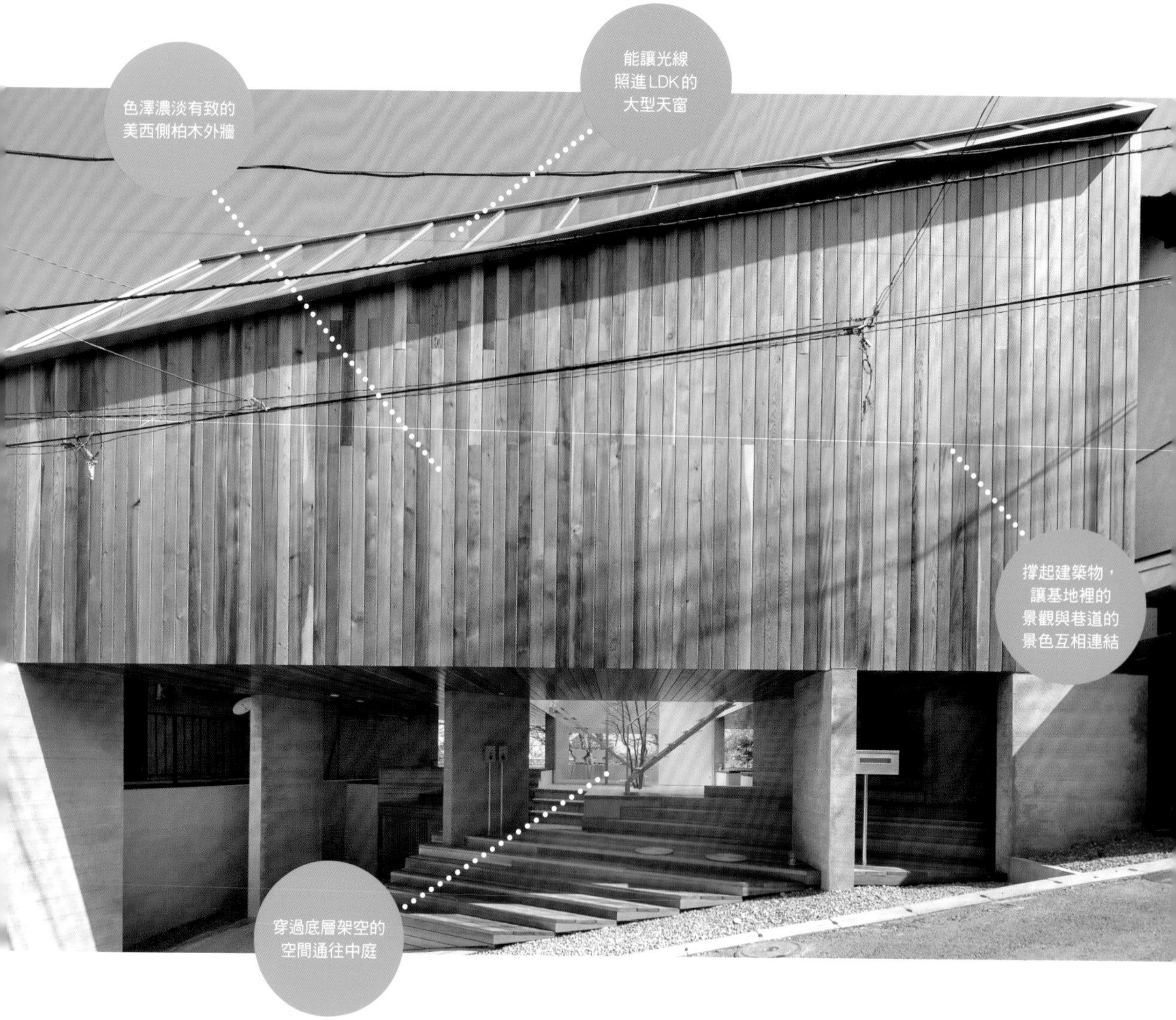
色澤濃淡有致的
美西側柏木外牆
能讓光線
照進LDK的
大型天窗
撐起建築物，
讓基地裡的
景觀與巷道的
景色互相連結
穿過底層架空的
空間通往中庭

建築概要
建築面積／132.47 m²
總樓地板面積／145.32 m²
設計／acaa

向道路開放的穿堂做為中庭，引導至住宅的方向

04

地上2層樓／木造

有著中庭兼做畫廊的住宅。撐起建築物，讓巷道與基地內產生連結，創造出開放式的公共空間。另外，將居住的空間提高半個樓層而確保了隱私。將基地鋪成階梯式的木質露台，讓穿堂的空間與中庭，成為方便人們聚集的場所。

POINT | 特色

中庭

太陽的光線灑落在兼做個人畫廊的中庭。半層樓高的階梯上方是居家空間。

外部裝潢

外牆及屋簷板用的是美西側柏木。自然的素材讓外觀看起來更親切、柔和。

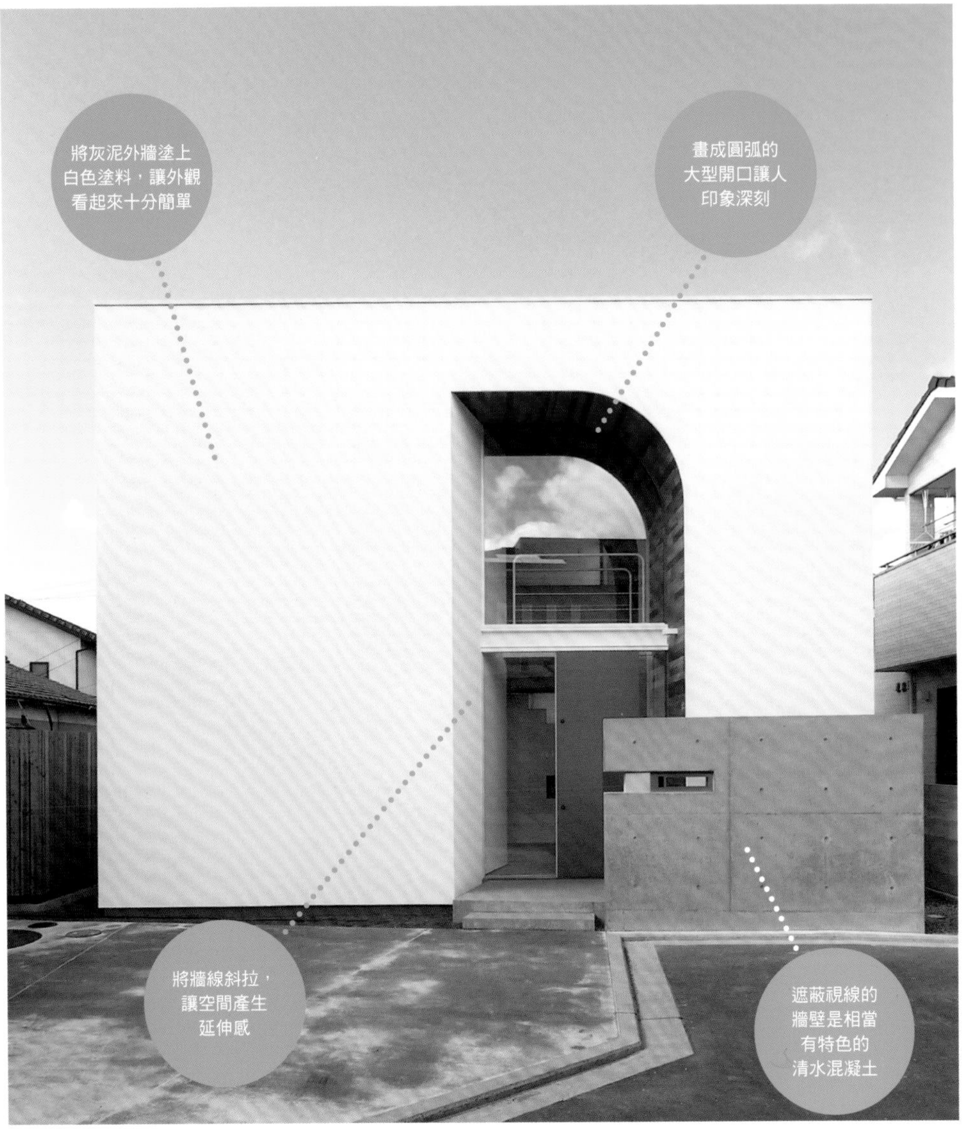
將灰泥外牆塗上
白色塗料，讓外觀
看起來十分簡單
畫成圓弧的
大型開口讓人
印象深刻
將牆線斜拉，
讓空間產生
延伸感
遮蔽視線的
牆壁是相當
有特色的
清水混凝土

05

地上2層樓／木造

在平整的白色外型上，用美西側柏木勾勒出「帆」

考慮到基地的南側可能會蓋高的建築物，因此在東側的外牆設置船帆造型的大型開口。不僅有採光的效果，同時也讓人對正面外觀產生深刻的印象。沿著船帆的線條貼上美西側柏原木，並延伸到內部空間的壁面及天花板，連接起家人共用的生活空間。

建築概要
建築面積／132.26 m²
總樓地板面積／102.56 m²
設計／Yoshihiro Ishiue建築設計事務所

[POINT | **特色**]

玄關

拼貼在純白牆面的美西側柏木，構築出充滿自然氣息的家。

玄關廳

玄關門的內側也貼上美西側柏木而與牆壁一體化，讓整體設計與外觀統一。

散發時尚氣息的
燒杉板風牆板
柚木調的玄關門
襯托在黑色外牆
上，營造出咖啡館
入口般的氛圍
限定室外規劃的
素材，讓設計簡單

建築概要
建築面積／155.11 m²
總樓地板面積／101.86 m²
設計・施工／Arr Planner Group

漂亮的木質調牆板，散發出些微微的懷舊氣氛

06

地上2層樓／木造

設計的概念是復古現代風。貼上燒杉板風的黑色牆板，配上木質調的玄關門以及咖啡館般的室內裝潢，營造出風格統一，沉穩內斂的時尚外觀。為了不破壞建築物整體的氛圍，只用水泥地板及碎石呈現出簡約的視覺感受。

[POINT｜特色]

玄關

漆在牆上的特殊塗料，可用粉筆在上面留言或者用磁鐵貼上紙條。

照明

在玄關口直立裝上相當有特色的航海照明燈，能照出外牆的凹凸感。

整面牆的木格柵，
相當有特色的設計
為了能夠欣賞
附近的綠意，
在2樓的客廳
加大開口部
活用旗杆地，
將通道的部分
做為車棚

建築概要
建築面積／151.93 m²
總樓地板面積／121.64 m²
設計・施工／R.CRAFT

牆上整面的木格柵，營造出強烈的視覺印象

07

地上2層樓／木造

位於街道底部的旗杆型基地。雖然是一般人會盡量避開的基地，但利用向附近神社的綠意借景的手法，實現了舒適愜意的生活住宅。在靠近神社的牆面裝上木格柵，保護了居家隱私，同時達到通風的效果，讓外觀呈現出相當具有特色的視覺印象。

POINT 特色

陽台

室內陽台的天花板和客廳一樣都是使用原木材，創造出空間的一體感。

客廳

有如渡假別墅般的2樓客廳。不用窗簾也毋須擔心外面的視線。

撤除了玻璃門，
整個建築就成了
一大片面向
大海的屋簷
拉門底下的滑軌
做高低差設計，
減緩了風的侵入
外牆及室內裝潢
的木材，隨著時
間因海風的吹拂
而更顯出韻味

建築概要
建築面積／578.26 m²
總樓地板面積／79.11 m²
設計／手塚建築研究所

敞開三方的門，與海融為一體的家

08

地上1層樓／鋼骨造

面海而建的長方形建築。整體的規劃是用隔間牆與格柵拉門柔和地切割空間。

建築物的正面沒有任何一根柱子，而是利用面向山的那一側的牆內鐵架做為支撐。因此，只要將3個不同方向的玻璃門撤除，建築物本身彷彿就成了一片屋簷，讓寬敞的大露台能夠正對著大海。

POINT 特色

脫離日常喧囂，向海敞開的生活空間；同時也是三五好友快樂聚會的場所。

POINT

特色

眺望

透過玻璃的大開口部，可感受著戶外氣息的空間。也能夠欣賞大自然的景色。

玄關

玄關設在從公車路線不太容易看見的位置。在通道與住宅之間種植著花草。

為了通風而設的開口部，與外牆無縫接軌，降低了本身的存在感
保留一定間隙的美西側柏木外牆
沿著坡面的長走道

建築概要
建築面積／408.74 m²
總樓地板面積／59.37 m²
設計／acaa

融於大自然，山坡上有著美麗情調的平房

09

地上1層樓／木造・鋼骨造

蓋在山丘緩坡的小房子。由於周圍沒有其他住宅，為了能夠融入在草原般的自然景色裡，在外觀上盡可能呈現方正的簡單樣式，並在外牆使用美西側柏木，讓房子本身看起來不會太醒目。鋪在外面的木板，彼此留有一定間隙，讓外壁材保持乾燥進而提高耐久性。

PLAN | **1樓的空間配置**

1F

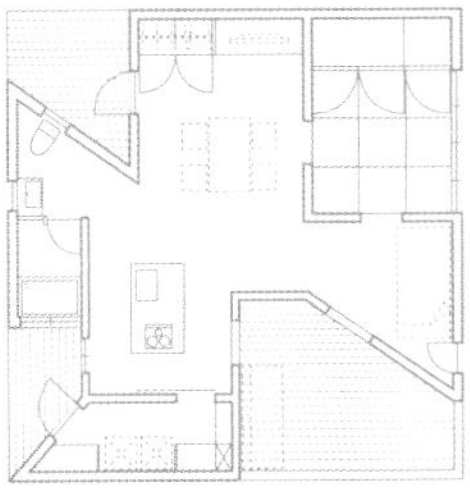

為了增加一個人住的方便性，將臥室、洗臉台以及廁所配置在與LDK沒有隔間的角落。

外牆橫貼著
美西側柏木原木材
由屋簷及兩側
翼牆圍起來的
箱型玄關
從餐廳延伸出去
的是高度相同的
露台
寬敞的通道，
也是孩子們的
遊戲場所

建築概要
建築面積／302.16 m²
總樓地板面積／90.89 m²
設計／A-SEED建築設計

風與孩子們所追逐穿越，具有特色的大型露台與窗戶

10

地上2層樓／木造

讓孩子能夠快樂地成長，可以自在地進出屋內，設計成可以直接穿鞋子進去的土間兼做客廳的家。從餐廳延伸出去的露台是孩子們的遊戲場所。外牆使用的美西側柏木原木材，長時間也不需特別保養，讓經年的變化也能充滿了樂趣。

POINT 特色

土間（1F）

孩子弄髒也不用在意的土間兼客廳，以及可放鬆心情的下挖式地板座的餐廳。

屋簷

在2樓臥室的露台及玄關附近設置箱子般的屋簷及兩側翼牆，可用來擋風。

簡約，
有設計感的
單斜屋頂
與主屋相對的
玄關門，豎起
直條扁柏的
格子牆
玄關通道穿越
非常美麗的庭院
從日式簷廊能夠
眺望到
綠意盎然的庭院

建築概要
建築面積／260.34 m²
總樓地板面積／100.56 m²
設計／A-SEED建築設計

能夠享受藍天與綠意，擁有大窗與簷廊的家

11

地上2層樓／木造

父母所居住的母屋也在同一個基地裡的家。屋主希望擁有可以感受到綠意及風的家，因此讓客廳面向庭院並設置簷廊，同時挑高空間並配置大窗，透過這樣的設計滿足了屋主的願望。玄關附近的扁柏材，讓鋁鋅鋼板的牆壁增添了溫暖的氣息。

[POINT | 特色]

建築物的配置

房子位於母屋西南方。為了不防礙母屋的日照將房子斜建，並空出玄關前方土地。

窗戶（1F）

客廳與餐廳的落地窗能夠看見庭院的綠意，挑高的窗戶則可以看到天空。

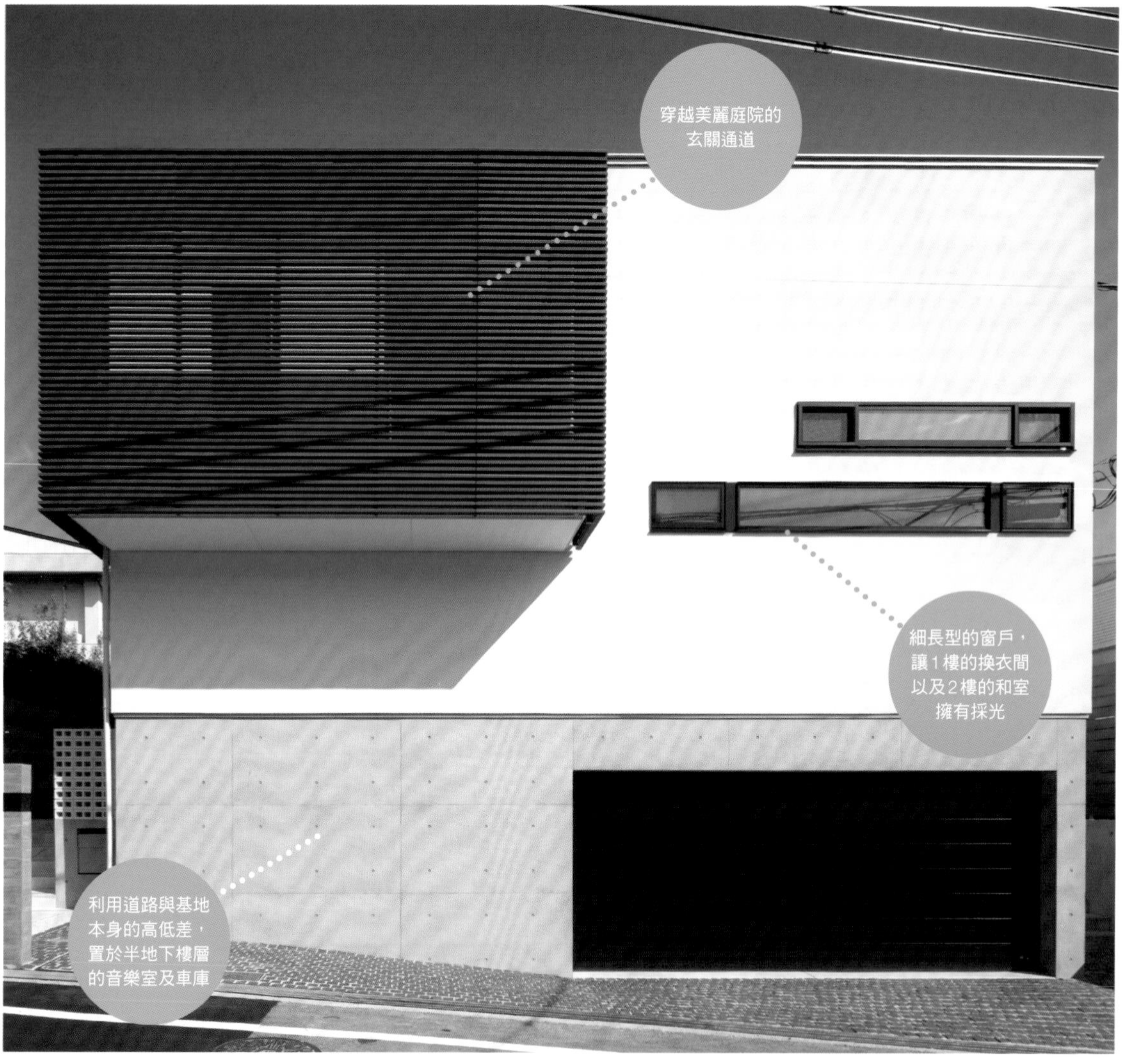

穿越美麗庭院的
玄關通道
細長型的窗戶，
讓1樓的換衣間
以及2樓的和室
擁有採光
利用道路與基地
本身的高低差，
置於半地下樓層
的音樂室及車庫

建築概要
建築面積／253.10 m²
總樓地板面積／251.73 m²
設計／井上久實設計室

12

地下1層樓・地上2層樓／木造・鋼筋混凝土

道路側盡可能的封閉，透過開放的中庭豐富了空間

道路側的正面開口部少，而給人冰冷的印象；相對地，基地裡的中庭有著大型的開口部，能夠從外面攬入明亮的光線與自然風。將整體設計成面向道路的白色箱型，與面向中庭、空間深長的黑色箱型，保持了空間的寬敞，卻不造成道路側有壓迫感。

[POINT | **特色**]

中庭

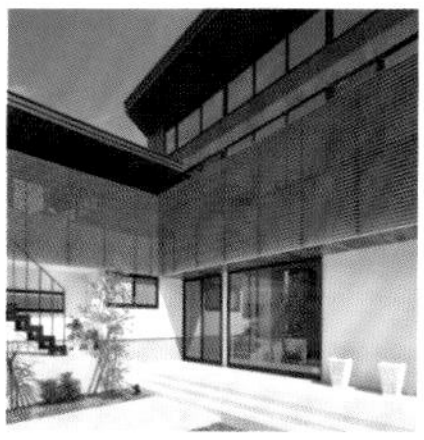

中庭面向客廳、浴室與母親主臥房。階梯式的入口，讓空間感覺更寬敞。

玄關

玄關位於從道路側視線無法觸及處。入口放置長椅，是能放鬆心情的空間。

POINT

特色

外裝材

外牆及屋頂貼著顏色沉穩的鍍鋅鋼板。

土間

玄關寬敞的土間，串連起家與外部的關係，扮演著如同簷廊般的角色。

LDK（1F）

延伸至挑高天花板的消防滑桿，也充當著孩子們的遊戲器材。

建築概要
建築面積／109.10 m²
總樓地板面積／95.42 m²
設計／設計atelier一級建築士事務所

PLAN ｜ **1樓的空間配置**

1F

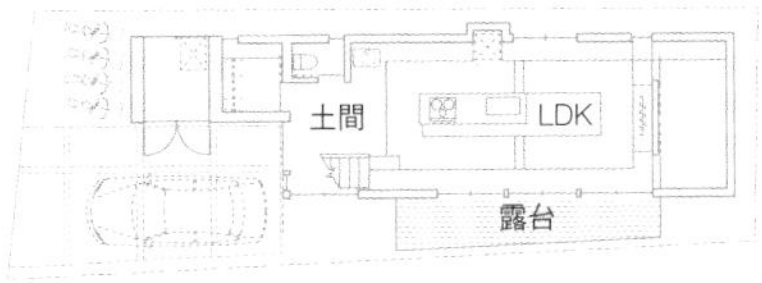
土間
LDK
露台

以廚房為中心的1樓生活空間。在LDK，透過寬敞的土間以及露台與外部空間產生連結。

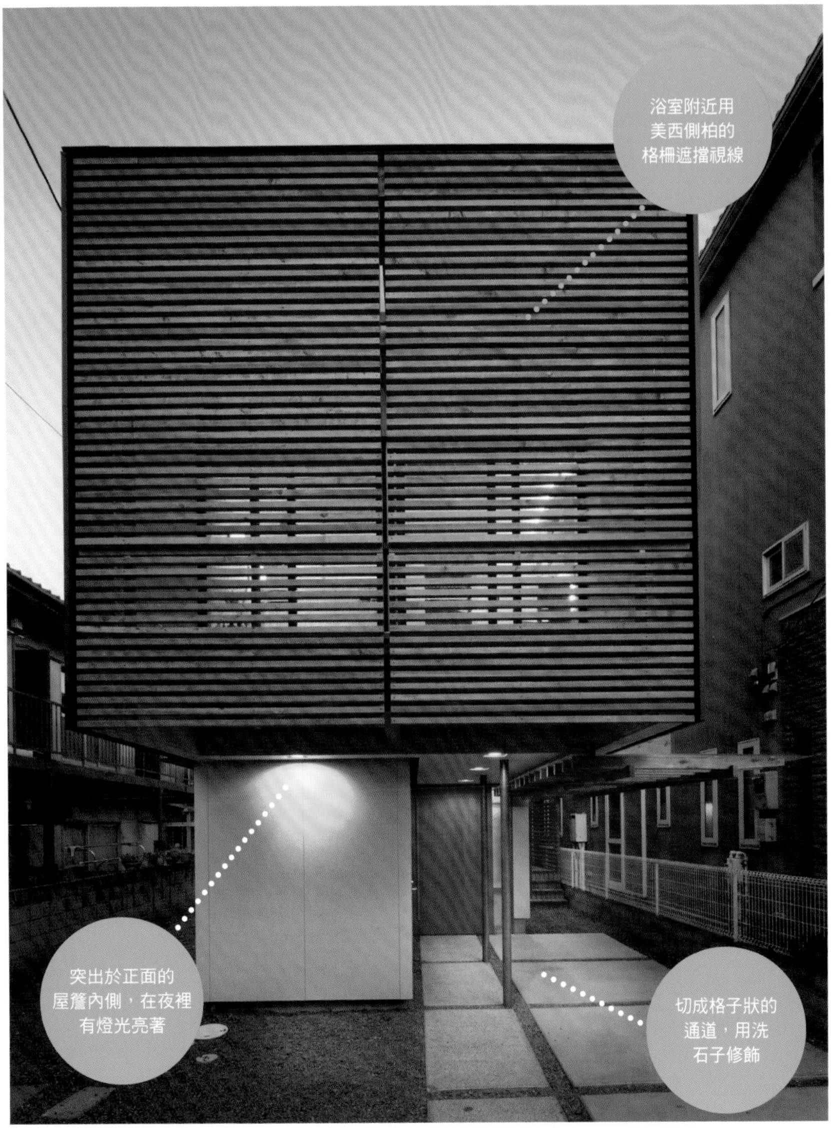
浴室附近用美西側柏的格柵遮擋視線
突出於正面的屋簷內側，在夜裡有燈光亮著
切成格子狀的通道，用洗石子修飾

由美西側柏木格柵所打造出，獨特的蘑菇外型

13

地上2層樓／木造

2樓特別向外突出的外觀看起來有如蘑菇一般，相當獨特的設計。在面向前方道路的一側使用格柵，既能通風又能保護隱私。打開玄關門則是與客廳成一體的土間，增加了家族生活空間的開放感，同時也提高了與室外的連結。

圍欄而能被看見
鋁鋅鋼板的
金黃色與燒杉板的
焦褐色互相搭配
燒杉板的圍欄，
確保了通風及隱私

由混材與雙色所打造出的牆，與古都的住宅街景觀相當契合

14

地上2層樓／木造

古都的住宅街道，周邊有非常多米色或褐色的建築物。大面積的外牆上鋪著金黃色鋁鋅鋼板與焦褐色的燒杉板，這樣的配色與街道的風格非常搭配。此外，在轉角地的截角處不設置任何建築而使視野更加開闊，同時也減輕了給周邊帶來的壓迫感。

建築概要
建築面積／229.28 m²
總樓地板面積／127.46 m²
設計／KAWAI設計工房

POINT｜**特色**

通道

斜坡式的通道。燒杉板的牆面與做為紀念的楓樹，讓外觀呈現溫柔的表情。

庭院

到了夜晚，庭園的植栽會打上燈光。從客廳能欣賞到這沉穩靜謐的景色。

POINT

特色

玄關

讓玄關明亮的窗戶，窗框選用與木板牆同一色系，增添了沉穩靜謐的氛圍。

外牆

白牆與黑色木板牆的自然搭配，沉浸在庭院的綠意盎然裡。

三角形的大屋頂，讓人印象十分深刻
較大的天窗，可以用來觀賞煙火大會
因為柴爐而設置的煙囪
內推陽台的木欄杆，豐富了視覺的感受

建築概要
建築面積／317.59 m²
總樓地板面積／118.42 m²
設計・施工／BAUHAUS

沉浸在綠意裡的素材感，與充滿代表性的三角形屋頂

15

地上2層樓／木造

有煙囪的三角形大屋頂讓人印象十分深刻，就像是摩登山屋般的住宅。白牆配上黑色的木板牆，有如沉浸在庭院樹木的綠意之中，同時也散發著日式風情。整體的設計相當簡單自然，讓屋主能夠自行輕鬆地做任何添加或變更。

PLAN | **1樓的空間配置**

1F
LD

客廳及餐廳是挑高的寬敞空間。採隔間少的開放設計。

在以白色為基調
的外觀，利用
黑色與褐色增添
東洋的風情
最高達4米的
天窗與大型的
廣角窗，營造出
客廳的開放感
能停放6台車，
相當寬敞停車空間
木格柵讓隱私與
通風並存

建築概要
建築面積／203.04 m²
總樓地板面積／314.83 m²
設計・施工／TERAJIMA ARCHITECTS

格柵與黑牆的搭配，營造出東洋情調

16

地上3層樓／木造

在直線條所構成的時尚外觀上，加入了東方的色彩元素。另外，用木格柵將2樓的臥室等私人空間圍起來，既能通風又兼顧了隱私；同時也能達到保護居家安全的效果。充滿視覺變化、表情豐富的外觀，在夕陽的照映之下也顯得格外地吸引人。

POINT 特色

露台

露台鋪著木板，在上面搭起藤架，營造出有如亞洲渡假勝地般的氛圍。

玄關

上半部利用半透明屋簷與木格柵圍出通透明亮的玄關，迎接訪客到來。

POINT
特色

中庭

各個房間有如圍住中庭一般的ㄈ字型配置，確保了空間的明亮。

木質露台

面向中庭的樓梯，上了2樓就能到達連接著各個房間的木板露台。

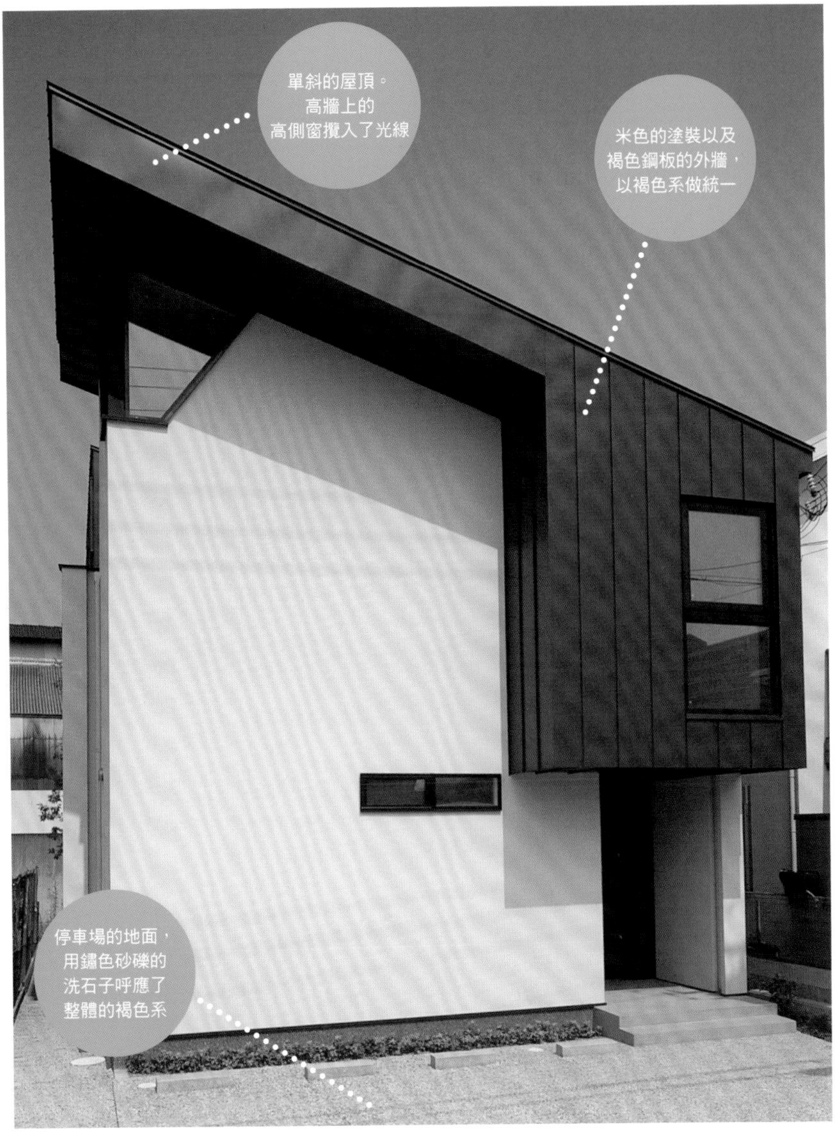

單斜的屋頂。高牆上的高側窗攬入了光線
米色的塗裝以及褐色鋼板的外牆，以褐色系做統一
停車場的地面，用鏽色砂礫的洗石子呼應了整體的褐色系

建築概要
建築面積／166.56 m²
總樓地板面積／144.13 m²
設計／R-TYPE

集中褐色素材，讓摩登的外型散發出自然氣息

17

地上2層樓／木造

由於基地的附近將來可能會出現高的建築物，考慮了隱私，而將空間規劃成圍著中庭的ㄈ字型。因此在外觀上，呈現出開口部不多的簡約表情。除了外牆，遮住中庭的圍欄也是採用木格柵，同時將整體以也是屋主所希望的褐色做組合搭配。

PLAN | **1樓的空間配置**

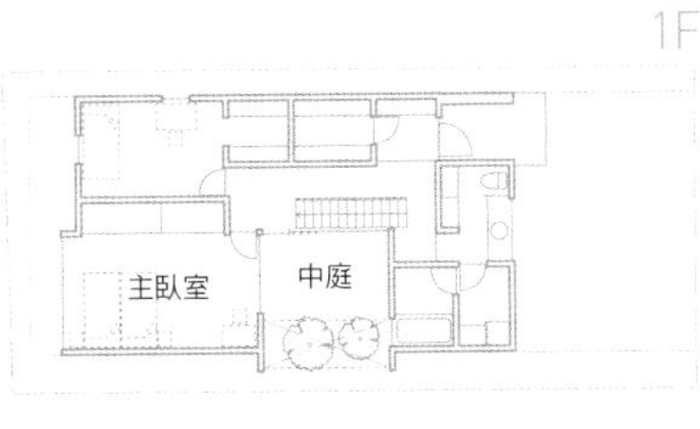

1F
主臥室
中庭

將房間圍著中庭配置，讓外觀封閉，呈現出簡單而時尚的表情。

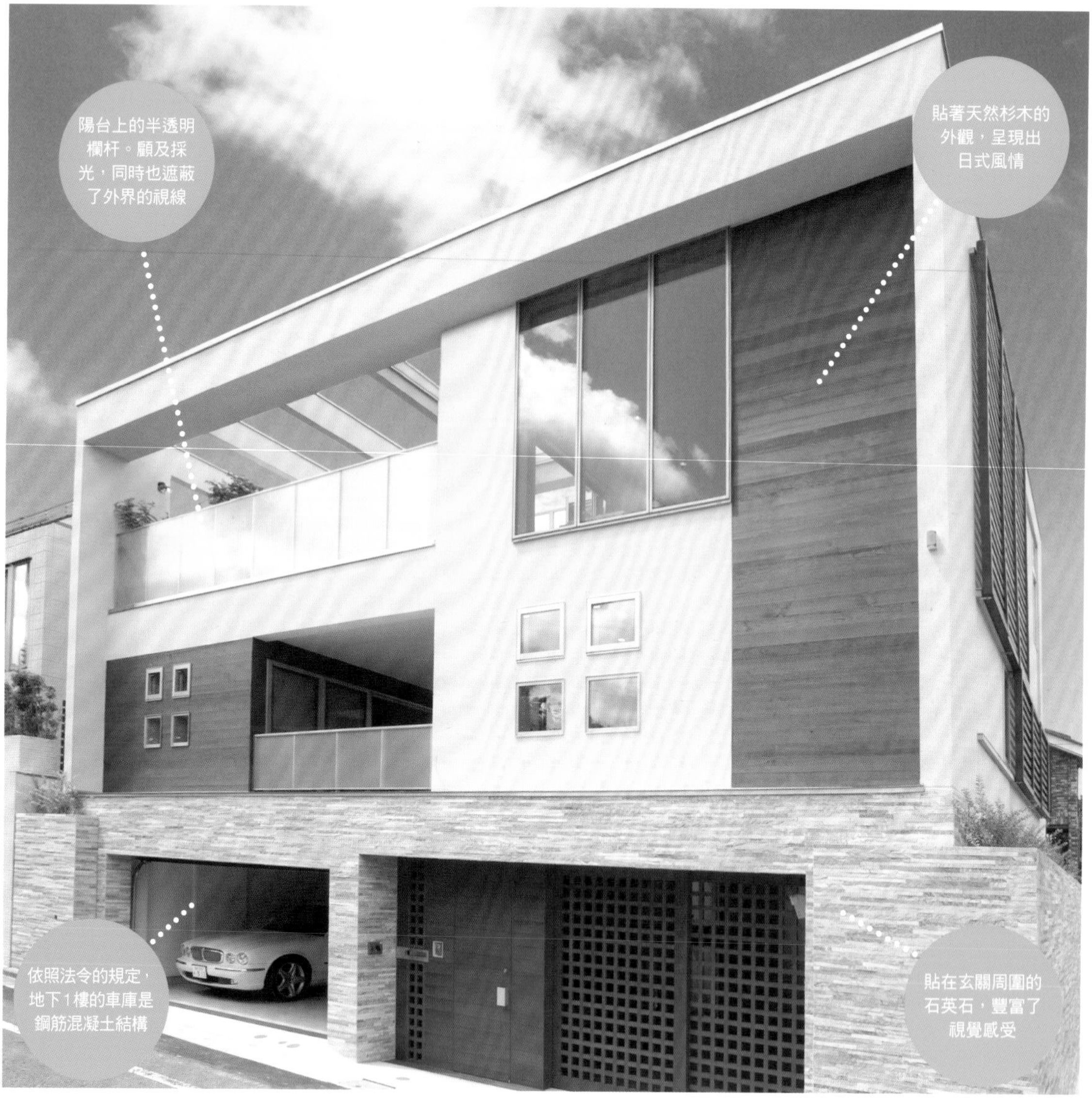

陽台上的半透明欄杆。顧及採光，同時也遮蔽了外界的視線
貼著天然杉木的外觀，呈現出日式風情
依照法令的規定，地下1樓的車庫是鋼筋混凝土結構
貼在玄關周圍的石英石，豐富了視覺感受

建築概要
建築面積／180.09 m²
總樓地板面積／304.36 m²
設計・施工／TERAJIMA ARCHITECTS

直線的外型，以天然杉木與石英石豐富了視覺感受

18
地下1層樓・地上2層樓／木造・鋼筋混凝土

外觀由垂直與水平線條所構成的簡約設計。貼在玄關附近的石英石，以及運用在多處的天然杉木，豐富了視覺的感受。能感覺出明暗的沉穩配色，則增添了和式風情。此外，將光線導入各樓的中庭，讓人感受到四季變化的不同表情。

[POINT | **特色**]

客廳

2樓的客廳面向挑高空間，與約2坪的木質露台相連，洋溢著開放感。

中庭

中庭位於建築物中央，從地下一樓貫穿到地上2樓，家中也能感受四季更迭。

外牆是融入於周邊景色的杉木板
低於道路約40cm的旗竿型地。將狹長的竿部做為長長的通道

窗框以遮簷連接，打造出一體感
玄關門也貼著杉木板。和室的窗戶裝上格柵阻絕視線

建築概要
建築面積／113.27 m²
總樓地板面積／81.31 m²
設計・施工／加賀妻工務店

融入於從前的景色，木箱般的家

19

地上2層樓／木造

周遭的老房子以及雜木林等保留了從前的景色。為了融入這樣的環境，將整個外觀貼上杉木板。活用基地低於道路40cm的特性，抑制整體大小，使得外觀從道路上看過去如同木箱一般。為了能強調出2樓窗戶的橫線條，將1樓盡可能地減少開口部。

POINT｜特色

視野

能欣賞到整個景色的西南邊，將建築物裁掉一部分設置陽台。

午休空間

在客廳及餐廳的角落打造成有床的午休空間。家具是由建築木匠所親手打造。

木質幕牆將光線攬入各居室，使外觀更加舒適輕盈
1t～1.5t的丹波石（安山岩的一種），堆放的手法能讓人感受到自然氣息
高23m的鐵門，確保了隱私並呈現出沉穩的印象
杉板模灌漿的木紋，柔和了原本冰冷的質感

建築概要
建築面積／221.73 m²
總樓地板面積／140.36 m²
設計・施工／伊田工務店

運用強而有力的素材，打造出洋溢著自然氣息的外觀

20

地上2層樓／鋼筋混凝土・木造

使用杉板模灌漿的外牆，配合大塊的岩石與雜木，呈現出充滿自然野趣的表情。內部空間也運用了大量的原木材及大谷石（凝灰岩的一種）等自然素材，透過裡外一致的設計，讓居住的空間感覺更為寬敞。2樓的玻璃幕牆，則讓外觀看起來更為輕盈舒適。

[POINT | **特色**]

開口

將有高低差的基地下挖，讓1樓置於地面下，並從大型的開口攬入光線。

中庭

以阻絕外界視線的中庭為中心配置各個房間。營造出不需要窗簾的自在生活。

為了打造出簡單的雙坡式屋頂，因此刻意壓低高度以避開道路斜線的限制
寬敞的開口與露台，將東南方開闊的景色盡收眼底
設置花台，讓經過的行人也能享受著季節的變化

建築概要
建築面積／53.41 m²
總樓地板面積／80.04 m²
設計・施工／創建

避開限高，讓外觀簡單且自然協調

21

地下1層樓・地上2層樓／木造

讓外觀簡單，協調的設計使人感受不到住宅的狹小。為了能夠在雙坡屋頂的南面裝設OM太陽能系統，因此刻意壓低高度，使屋頂不會因為道路斜線的限制而被切除。拉門及窗戶高達天花板，讓室內的空間看起來更為寬敞。

[POINT | 特色]

露台

連著客廳的露台相當寬敞，將開口拓寬以充分利用這絕佳的視野。

地下通風道

在位於地下的臥室及休閒室旁邊設置通風道，確保了地下空間的通風及採光。

1樓客廳與挑高
位置的推射窗
利用斜坡，使玄
關所在的地下樓
能夠從前面道路
直接進出
讓水泥板向外
突出而打造出陽台

建築概要
建築面積／79.79 m²
總樓地板面積／117.16 m²
設計／設計atelier一級建築士事務所

圓弧的陽台造型，柔和了摩登的印象

22
地下1層樓．地上2層樓／鋼筋混凝土・木造

外觀看起來像是3層樓的建築，但其實是利用基地的高低差而打造成地下室+2層樓的建築。在設計上，像是在鋼筋水泥結構的箱子上面放著木造2層樓建築一般。地下室的水泥天花板往外延伸做為陽台，同時成為了連接地下玄關入口往車庫方向的通道的遮雨棚。

POINT 特色

陽台

陽台的欄杆，1樓是圓弧的水泥，2樓則是美西側柏木。

陽台

地板鋪著美西側柏木板。種在地面的野茉莉從角落的開孔向上伸展。

外牆使用原木
杉板，散發出
溫和的氣息
為了維護杉板外牆
的耐久性，裝設了
較深的屋簷
木窗是進口品。
窗戶下方的
花架，讓外型
更加可愛
與牆板的
咖啡色十分搭配，
白色美麗的
瑞士灰泥塗料

建築概要
建築面積／160 m²
總樓地板面積／102.68 m²
設計・施工／相羽建設

利用煙囪和花架增添可愛的氣息

23

地上2層樓／木造

柴爐的煙囪讓人印象十分深刻的家。垂直貼上原木杉板，下半部則用白色灰泥加以修飾。映照在白牆的庭院樹影，以及裝飾在2樓窗下的四季花卉，讓人充分感受到自然的氣息。玄關的裡面是能夠放置薪柴及園藝工具的土間。整體的規劃十分適合希望室內外都能享受大自然的人。

POINT **特色**

煙囪

柴爐的煙囪與木板外牆十分搭配，帶給了街景相當柔和的印象。

客廳

1樓是10坪大的LDK及3坪的土間，並設置可當做第二客廳的木質陽台。

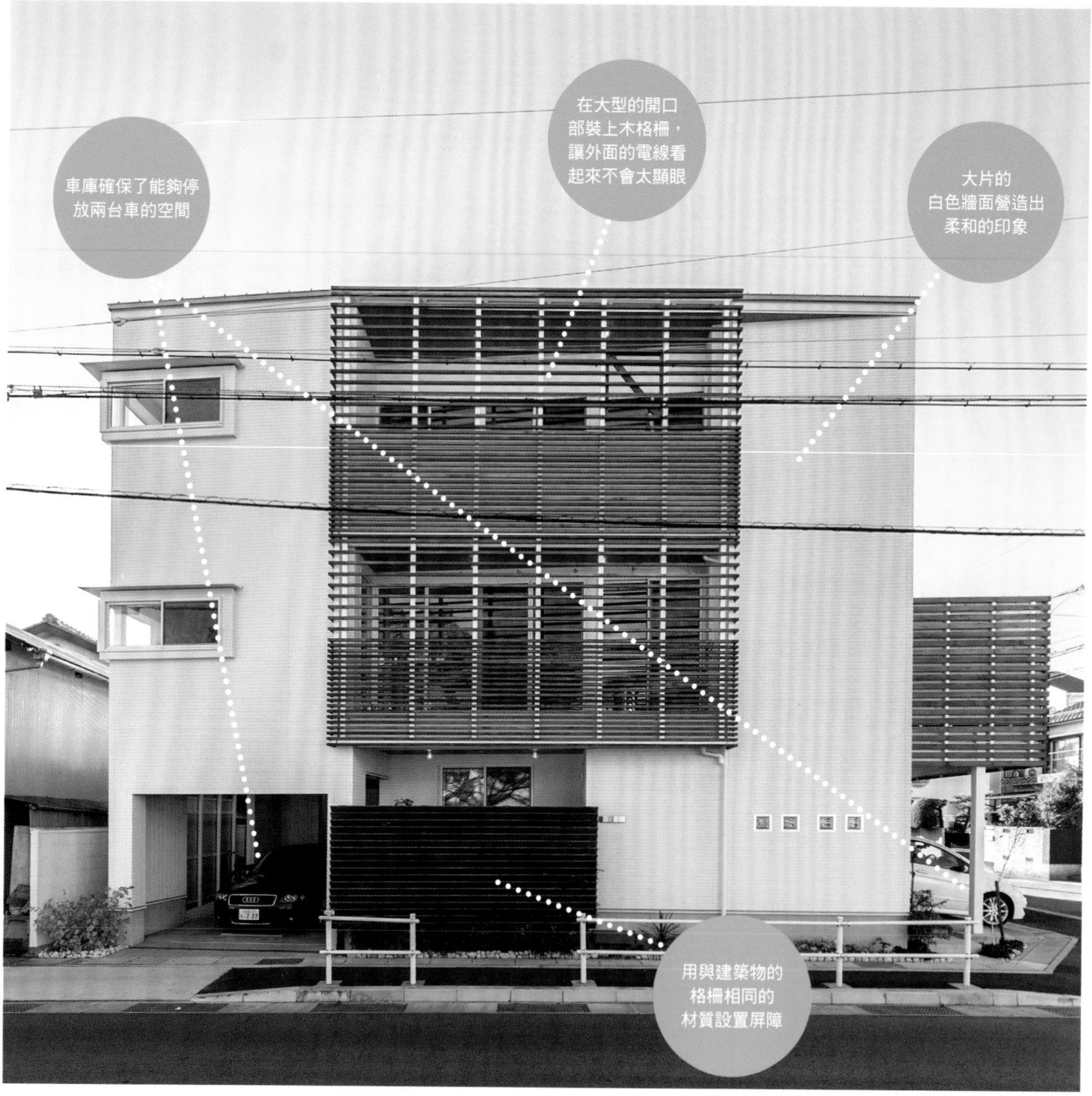
在大型的開口
部裝上木格柵，
讓外面的電線看
起來不會太顯眼
車庫確保了能夠停
放兩台車的空間
大片的
白色牆面營造出
柔和的印象
用與建築物的
格柵相同的
材質設置屏障

建築概要
建築面積／100.24 m²
總樓地板面積／187.22 m²
設計・施工／Arr Planner Group

長久以來所夢想的，有維修站的室內車庫

24

地上3層樓／木造

位於閑靜的高級住宅區與小商店街交界的東北邊的轉角地。以白色為基調的簡約外型，搭配硬度高、耐用性強的巴西紫檀木格柵，加強了外觀的溫暖氣息和設計感。此外，依照屋主的希望而設置備有維修站的室內車庫。

POINT | **特色**

汽車維修站

假日希望能保養愛車，因此在室內車庫設有自己的維修站。

停車位

維修站及玄關兩處是停車場。地板使用黑炭灰泥修飾過，色調濃淡有層次。

POINT

特色

玄關

玄關與階梯通道稍微隔開，並將玄關的空間往內推，使入口處看起來更為寬敞。

陽台

在夾層的客廳設置陽台，橫條的木格柵阻檔了外面的視線。

將面對道路的開口部縮小，對居家安全上也很有幫助
2樓夾層的客廳裝上橫長的窗戶以確保採光
基地高於道路50cm。利用高低差將1樓置於半地下，2樓設置夾層

建築概要
建築面積／71.75 m²
總樓地板面積／60.87 m²
設計／U設計室

木格柵與植栽，豐富了簡約的外觀

25

地上2層樓／木造

利用基地比道路高50cm的特性，將1樓半地下化，並利用挑高設計，打造出有夾層的單人住居感覺的家。客廳裡大型敞開的窗戶在夾層的2樓，因為顧忌來自道路的視線，利用木格柵及植栽做為屏障以遮蔽視線。

PLAN **2樓的空間配置**

2F

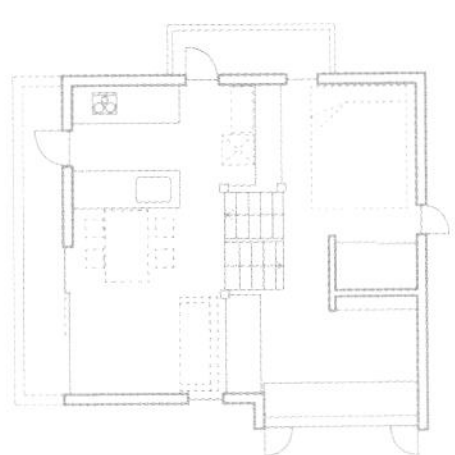

改變每半層高度的躍層結構。將LDK與臥室柔和地分開，有如單人住居感覺的設計。

相當醒目的大型
屋頂，阻擋了
日光直射客廳
杉木板交錯的
魚鱗板外牆，
營造出沉穩的感覺
特製的郵筒，
在外觀上增添
日式風情
地上的草坪與
花草模糊了
地界，營造出
悠然閒適的氣息

建築概要
建築面積／169.99 m²
總樓地板面積／131.05 m²
設計・施工／BAUHAUS

優雅端莊的日本傳統住宅，散發出自然的氣息

26

地上2層樓／木造

在經過砂紋處理的白色外牆上，貼上一個個相交重疊的杉木板，讓外觀散發出和風的氣息。在設計規劃上，實現了屋主「喜歡有屋簷及土間等構造的日式傳統住宅」的希望；同時利用向正面道路傾斜的懸山式大屋頂，打造出相當醒目的外型。將車庫的外觀與素材也做統一，讓建築呈現出一體感。

POINT 特色

植栽

從客廳能欣賞庭院的四季變化。植栽的枝葉，高度可遮住來自通道的視線。

車庫

向前面道路敞開的機車車庫。在牆面貼上衫板等，統一了外觀與設計。

縮小面向道路的
開口部，亦達到
保全的效果
隱約露出的
庭院樹，滋潤了
周圍的景觀
圍著庭院的
板牆，阻絕了視線
為了讓道路
看不見玄關
裡面，在入口
設置格子門

建築概要
建築面積／178.52 m²
總樓地板面積／123.33 m²
設計／naduna工房

在視線匯集的位置，利用巧思表現個性卻又保有隱私

27

地上2層樓／木造

不論是白色外牆、屋簷或是連著外牆的棚架（由藤蔓植物纏繞而成的棚架）都讓人留下深刻印象的家。三角形的基地位於巷道錯綜複雜的轉角。由於外界的視線容易投射過來，考慮到整體的設計感，在庭院外設置板牆，玄關入口則裝設格子門來保護隱私。

POINT **特色**

樣式

外觀沿著銳角地形打造。空間大小隨著位置不同而異，相當具有新鮮感。

綠意

為了能欣賞周圍的綠意，因此白牆的欄杆只設在正面處。

28

地下1層樓・地上3層樓／鋼筋混凝土・木造

半地下化的配置，實現完全分離的兩代同堂住宅

設計的規劃來自於屋主希望在20坪的狹小基地上，能夠打造出有停車空間，且完全分離的兩代同堂住宅。利用地下空間增加地板面積，將半地下及1樓的空間留給父母，而2、3樓則是第二代的居住空間。關於停車空間則以內建的方式而獲得。面向道路正面的玄關，透過外牆上的階梯以及充滿特色的屋簷，營造出道路間的距離感。

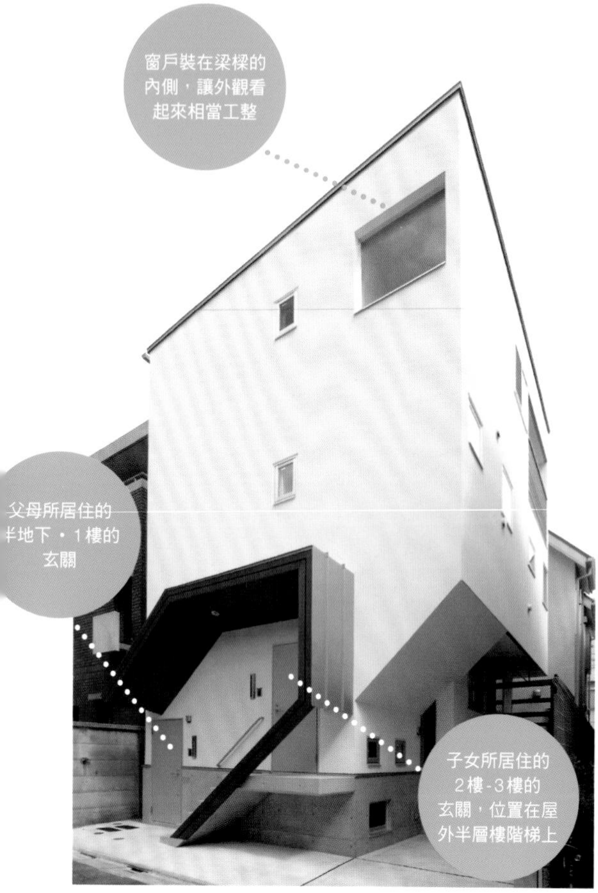
窗戶裝在梁樑的內側，讓外觀看起來相當工整
父母所居住的半地下・1樓的玄關
子女所居住的2樓-3樓的玄關，位置在屋外半層樓階梯上

雖然是20坪的狹小土地，但是透過增設地下樓層，使得玄關能得以分開設置。由於父母的居住空間位於半地下的位置，因此只需要半層樓的階梯就能到達玄關。

建築概要
建築面積／66.51 m²
總樓地板面積／100.82 m²（不含地下樓層）
設計／充綜合計劃

29

地上2層樓／木造

利用木材與灰泥修飾的自然派住宅，隨著歲月加深韻味

建築概要
建築面積／182.30㎡
總樓地板面積／127.50㎡
設計・施工／kinoshiro ICHIBAN

符合所在地「倉敷市」的城市印象，在外觀上使用木材與灰泥的自然派住宅。為了讓家人能有舒適的生活空間，內外所使用的建材均十分地講究。外牆及陽台的木頭色與純白灰泥的對比與街景相當和諧。讓人能感受漆上自然塗料的木材，隨時間而增加韻味的家。面對道路的圍牆，上半部也是使用木材，讓外觀增添溫暖的氣息。

不需加以維護保養的瓦片屋頂，美麗而沉穩
陽台及圍牆都使用木材

陽台也是用木材打造而成，讓外觀表現出一體感並散發出溫潤的氣息。

本篇介紹裝飾外觀的各種材質、設備
以及室外裝潢・配件。
除了設計，包括費用、耐用性
以及施工所需之工時等，
請與專家詳細討論、選擇。

Special 2

外觀及室外裝潢目錄

門扉與玄關門

門扉與玄關門可說是家的容貌。正因為是訪客第一眼所看見的地方，因此希望能特別講究。

輕柔羽毛般的造型，與植栽也十分搭配

營造開放的室外設計，有如鳥羽造型的鑄件系列。在圍欄掛上吊籃，然後試試種上花草裝飾也會十分好看。
〔YKK AP〕ORNIS 門扉1型￥147,400

溫和地區隔內外空間的半透明板

如霧面玻璃般，具有纖細質感的聚碳酸酯板，給人時髦印象的門扉。根據不同的門框顏色，不論是打造成自然或是時尚的風格都十分適合。同時也有兩面對開的種類可供選擇。
〔YKK AP〕LUCIAS BP01型￥99,400

利用天然木的質感，呈現出高級感

活用天然木質感的門扉，可以搭配在各種的風格外觀上。可以將玄關門、圍欄以及陽台等，與素材及設計做搭配，打造出有統一感的住宅。
〔LIXIL（TOSTEM）〕GIEONA 門扉
￥157,300（子母門）

利用遙控或卡片就能開關

從專用遙控或感應卡，到手機及樂天Edy卡都能夠做為鑰匙的「SMART DOOR」。由於卡片上看不到鑰匙孔，在設計上相當簡單俐落。
〔YKK AP〕SMART DOOR VENATO NEW POCKET Key￥393,000（D4樣式S28設計）

平整地收於時尚的外觀

相當有型地裝在只有7㎜細框裡的玄關門系列。有各種豐富的高級摩登面材可供選擇。加裝遙控器，利用感應卡或感應條就能輕鬆上鎖。
〔YKK AP〕SMART DOOR VENATO NEW POCKET Key￥452,000（D3樣式A01設計）

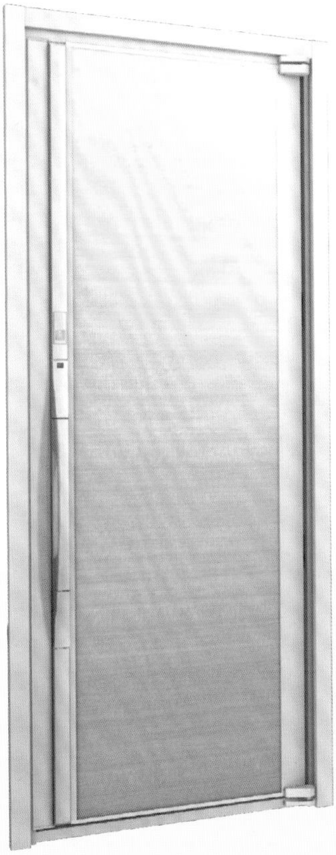

多點連動鎖，帶來超群的安心感

「多點鎖系統」，在上下有五處堅固的勾鎖，另外再加上2個門軸補強件，提高對「強行破門而入」等的防禦能力。除了再現自然質感的面材，其他還有許多各種不同的設計可供選擇。
〔LIXIL（TOSTEM）〕AVANTOS 13型￥700,000～

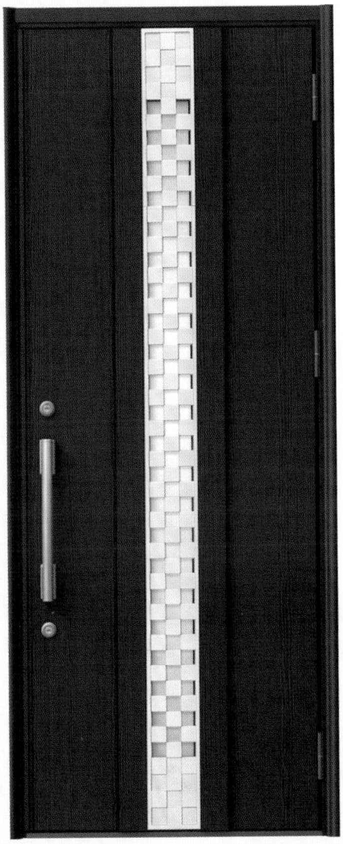

關起門也能通風的設計

中間有小窗能夠開啟，讓關著門也能通風的玄關門。隔熱性高，能夠將多餘的熱與濕氣排出，所以也能達到節省電費的效果。
〔LIXIL（TOSTEM）〕GIESTA A84型通風型￥390,000

郵箱

從融入住宅外觀的設計到成為視覺焦點的進口款式，選擇十分豐富的單品。

東西方皆適合的自然風格

能夠與智慧門「VENATO」（P.87）做組合搭配的機能柱。照片的長格子款式，是十分適合和風外觀的LUCIAS POST UNIT AS02型配上T10型的郵箱（HONEY CHERRY）的組合。

〔YKK AP〕LUCIAS POST UNIT
¥221,000（門牌、對講機另售）

與玄關門、屋簷以及圍欄做美麗的結合

將壓克力透光板配置在中央，時尚設計的LUCIAS POST UNITBP01型。從T12型當中，選擇與外觀能十分搭配的純白色。

〔YKK AP〕LUCIAS POST UNIT
¥145,000（門牌、對講機另售）

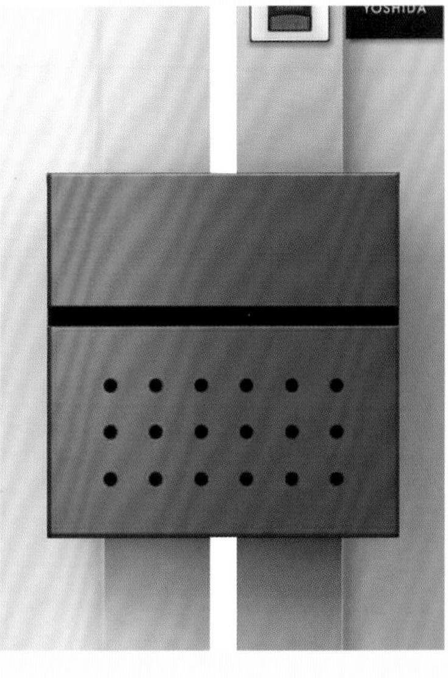

設計時髦的紅色郵箱

充滿個性，時尚紅的前開類型。雖然是造型簡單，但是能做為豐富住宅外觀的單品，發揮出有如裝飾配件般的效果。

〔YKK AP〕LUCIAS POST UNITAS03型＋郵箱12型
¥221,000（門牌、對講機另售）

洗鍊的設計，整合了各項機能

將分別裝上的門牌、對講機還有郵箱，利用一個外板做統合，營造出具有統一感的時尚外觀。除了照片中的直式，其他還有橫式及沒有郵箱的各種款式。

〔YKK AP〕WELLFACE II 照片參考價格
¥75,000（門牌、對講機另售）

簡單可愛的北歐設計

來自丹麥ME-FA的郵箱。雖然是圓胖的可愛外型，但是高約365㎜、寬185㎜，容量相當可靠。顏色有黑白兩種。〔Sekisui Exterior〕ME-FA（MODEL825）¥49,000

來自德國的多功能郵箱

簡單的保養就能保持美麗的不銹鋼製。德國Max Knobloch所設計出的時尚外型，能搭配於各種風格。橫長的收報箱另售。〔Sekisui Exterior〕Max Knobloch（Timbuktu Allstainless）¥58,000

利用外牆上的I線條，打造出極簡風

如同名稱一樣，郵箱的外型只有投信口的I型線條。與室外設計相當搭配的簡單造型，讓門牌及照明的選擇也能充滿樂趣。〔Sekisui Exterior〕i-Line（Red x Stainless TypeR/20㎜）¥34,500

來自北歐的長期暢銷商品

長方形的上面是半圓形的造型，來自芬蘭BOBI的郵箱。加裝上專用的郵箱架（另售），讓外型有如門衛一般，同時也成為了家的門面。在顏色的選擇上也十分豐富。〔Sekisui Exterior〕¥68,000

讓人感到驚奇的多功能門柱

Fit post專用的多功能門柱。將照明與收納對講機子機的外板做組合，再配上另售的門牌的話，就能讓入口擁有整套完整的智慧配件。〔Sekisui Exterior〕Fit（Fit Hybrid）¥56,500

外壁材

做為圍起住宅的「門面」，
深深地影響著外觀的設計。

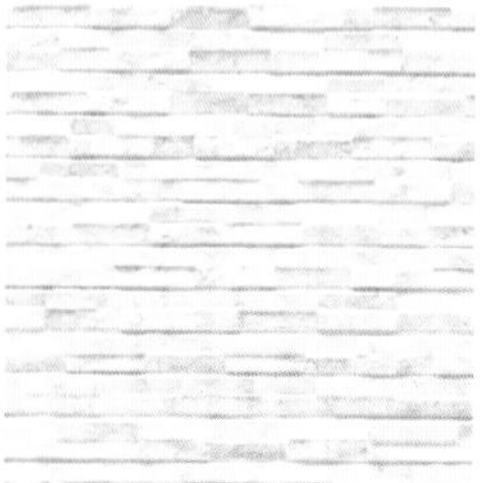

利用光觸媒的力量，藉由雨水沖刷掉污垢

藉由雨水，利用光觸媒的機能讓汙垢能夠自然脫落的窯業系陶瓷外壁材。同時，利用陽光照射，讓汙垢更不容易附著，發揮驚奇的相乘效果。

（KMEW）親水陶瓷塗裝・光觸媒陶瓷塗裝 15 Pixcera グラート
￥5,710／㎡～（※譯註）

透過不同的組合，打造出涼爽、漂亮的住宅

相當美麗的金屬感素材的ラインパークスパン、以及簡單的橫線條樣式的フレス。不同質感的組合，形塑優雅高尚的外觀

〔YKK AP〕アルカベール（左）ラインパークスパン￥8,400／枚、（右）フレス￥8,500／枚

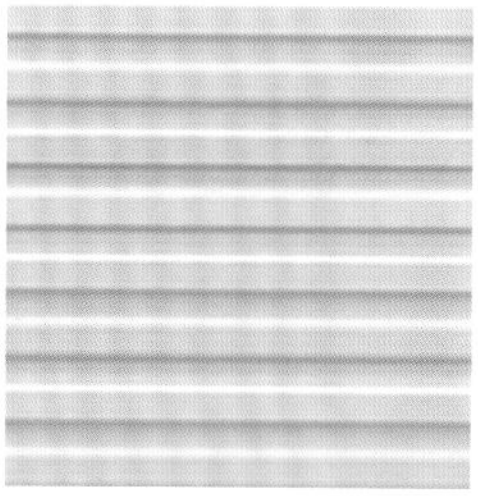

各式各樣的壁材

表面經刷紋處理

加工方式有變薄、增厚、多層等，依照處理的手法不同，能各表現出各種不同感覺。多層加工的話，在耐久性上十分優異，價格適中的砂紋加工等可做為代表。

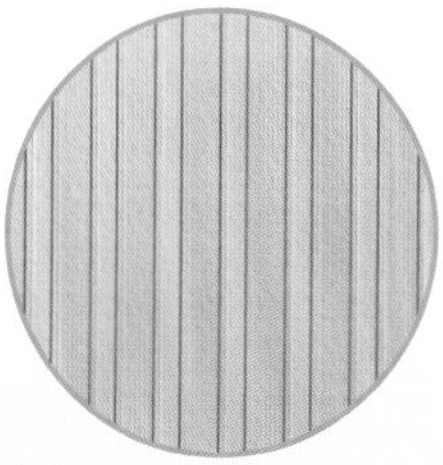

金屬系壁材

以鋁鋅鋼板為主要代表。因為有金屬才有的特殊光澤以及淺槽等非常多種花紋簡單的款式，能夠表現出俐落的表情。一般在內側會加上隔熱材。

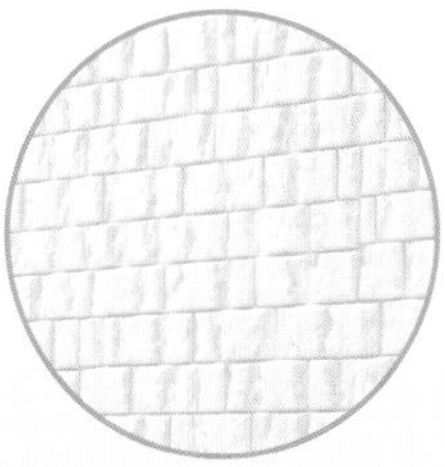

窯業系陶瓷壁材

由於能夠加工處裡讓表面產生明暗，有木紋、煉瓦以及磁磚等各種豐富的選擇。也有汙垢不易附著的光觸媒牆板等高機能產品。

（※譯註：グラート為材料的系列名稱，無中文。中文網頁說明：http://www.kmew.co.jp/global/taiwan/products/lineup/sinsuicera.html）
（※譯註：アルカベール為日本YKK AP社製造的外壁建材（金屬外牆建材系列）的系列名稱，ラインパークスパン、フレス為產品樣式名稱。中文網頁說明：http://www.ykkap.com.tw/product_other09.html）

即使是金屬素材，也能夠呈現出柔和的表情

價格合理，耐久性佳的鋁鋅鋼板板材。不只是質感俐落，目前也有色澤朦朧，能夠感受到溫暖氣息的產品新登場。
設計＝伊禮智設計室〔TANITA HOUSINGWARE〕SPANDREL ZiG ¥7,600／m²～

異國住宅風的必備材也不斷地進化中

營造出有如是美國或是歐洲傳統街景般的磚材。不僅是紅褐色，最近烤色略帶內斂的黑色系也蔚為潮流。能夠實現出漂亮優雅的外觀。
〔CAN'BRICK〕KURO BRI ¥6,500／m²

磚材

將外牆打造成磚頭風，薄如磁磚的水泥系商品。比真正的磚頭更容易施工，且價格更低。豐富多種的顏色可供選擇，充分展現魅力。

灰泥

日本傳統的土牆壁材。由於有調節濕氣的作用，非常適合日本的氣候。在塗的時候，可以刻意製造漆痕以散發餘韻，讓人感受到手工的溫暖。

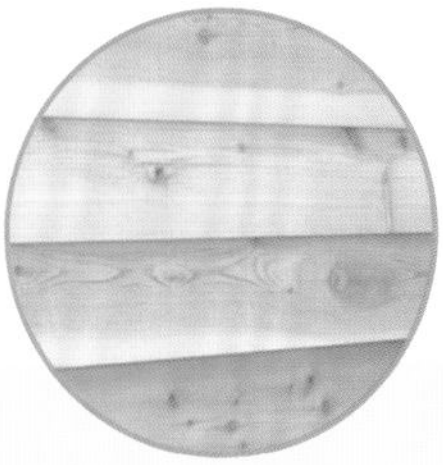

木材

能夠真正地感受到自然氣息，這是讓人感到最有魅力的地方。但在材質上較容易受風雨侵襲導致褪色或者劣化，因此需要定期的保養維護。

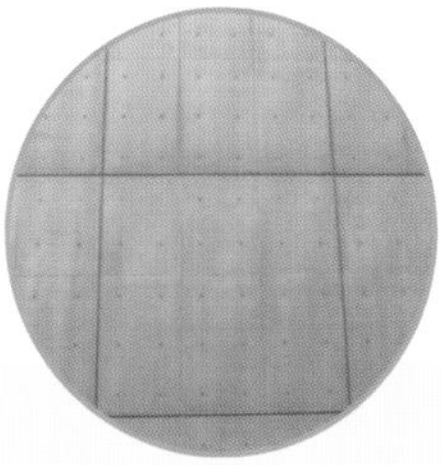

水泥

可用於清水混凝土等現代感的設計。在防火與耐震性能上十分優異，不過重量重且施工費用高。塗上撥水劑能夠保持美麗。

窗戶

從各種造型、功能
以及開關方式中，
來選出最適合的款式吧

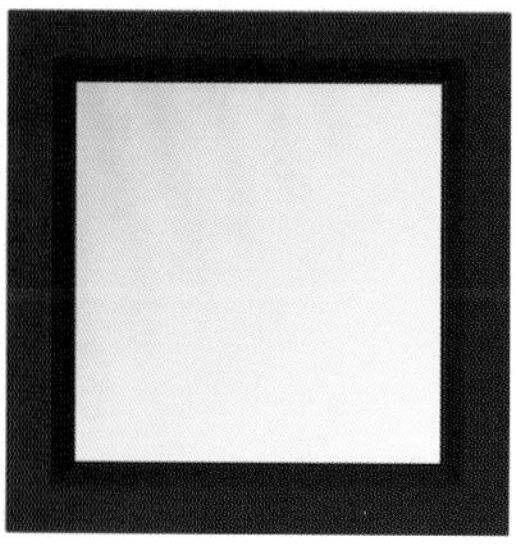

依不同的尺寸與配置，能發揮各種功能的外窗

4角的固定窗，在時尚的外型上大玩創意。尺寸根據配置的不同，也能營造出各種不同的感覺。
〔YKK AP〕APW230 四角 固定250㎜角
一般標準壁厚型 LOW-E多層玻璃
¥28,000/個

能充分地攬入光線的隱藏式窗框

窗戶利用隱藏式窗框構造等細小的零件，讓大型開口部更加俐落美麗。適合使用在不想從外面被看到，想確保隱私的位置。
〔YKK AP〕APW500（上半部）連窗
W1690 X H1370㎜ ¥129,500，（下半部）
Type-D W1690 x H2145㎜ ¥314,300～

兼顧換氣功能及設計

能夠開合的方形推射窗。因為有通風的功能，非常適合用在浴室或是廚房。各別裝上窗簷也相當不錯。
〔YKK AP〕WINSTAR（下框內填樹脂隔熱型）
方形推射窗 照片參考價格¥24,600／個

強力阻隔日照的天窗

使用鍍上3層隔熱金屬膜的雙層Low-E玻璃（低輻射鍍膜玻璃）的天窗。將71%的日照反射，避免室外氣溫影響室內溫度，讓光線可以穿透的高機能窗。
〔YKK AP〕天窗系列￥67,600～

讓細長的牆面也能有通風及設計感

讓直長型的窗戶有通風功能的外推窗。在同一個空間裡裝設數個外推窗，除了能夠控制通風，還能呈現出有個性的設計。
〔YKK AP〕WINSTAR（下框內填樹脂隔熱型）直立式細長型外推窗 照片參考價格￥24,600／個

將外牆當作畫布般揮灑快樂地攬入光線

圓形小窗讓外觀表現出獨特表情。能夠增添設計的豐富性，吸引街上行人的目光。
〔YKK AP〕APW230 圓形固定 Φ280一般標準壁厚型 LOW-E多層玻璃 ￥28,000／個

陽台&露台

連結內外的陽台與露台。
選擇時，希望能考慮與外觀和室內的連貫性

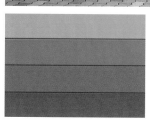

對人及環境相當友善的再生木質露台

以木粉及合成樹脂為主要原料所構成的再生木質露台。相較於天然木，具有不易褪色以及不易受白蟻等腐蝕的特色。全4色。

〔YKK AP〕再生木露台200 參考價格 ￥78,400

連接著露台的細框窗

想要讓室內感受到露台的開放感，細框型的窗戶能達到很好的效果。窗框在外型有3色，內側有4色可供搭配組合。

〔YKK AP〕APW 311雙開門（半月鎖型）
W1690 X H2030 ￥99,100～

圍起陽台，讓房間感覺更寬敞

如果能夠出色地圍住陽台的空間，那麼將可以毋須在意外面的視線而能達到延伸室內的感覺。如果是簡約的標準化建材，與任何風格的外觀都能十分搭配。

〔YKK AP〕RELAREA 照片參考價格 ¥605,500

開放設計的花園露台

在框架的正面的腰牆及牆板等可自由組合，能夠調整開放程度的花園露台。其他還有長桌等有豐富的配件可供選擇。

〔三協鋁業〕GARDEN TERRACE SMALE¥327,400（整組價格）

有如客製化的陽台

框架、地板的顏色及質感、格柵的橫直，以及圍板的高度等，各部件變化豐富，能夠自由組合的陽台。對於停車場上方等空間的活用，也能發揮很大的效果。

〔YKK AP〕AIRCUBE ¥686,700

輕鬆拼貼的天然木磁磚

只要互相扣住就能拼貼的重蟻木磁磚。有咖啡色及原木不上漆等款式。照片為由4個拼成1塊正方形（288㎜角）。

〔永大 業〕永大SYSTEM WOOD TILE（天然木磁磚）¥68,040／18枚1組（上漆型）

Chapter

3

摩登日式風

日本自古以來的和式設計
加入現代元素的外觀風格。
能夠輕易地融入於周圍的柔軟性，
與強調出個性的視覺焦點同時並存。
屋頂則有各式各樣的造型。
外牆的材質、窗戶的開法以及通道的構建方式等等，
只要下功夫就能創造出許多效果。

NEO
JAPANESE

NEO JAPANESE

01

地上2層樓／木造

透過門扉及圍牆的氛圍，表現出「和」的美感與簡潔

沿著道路坡面的屋頂線條
外牆經過砂面處理，色澤濃淡有致，十分具有風情
有如鋪石一般簡單的通道

屋齡40年左右的住宅聚集，沉穩靜謐的住宅街角。考量了與周圍景觀的協調，設計出相當高雅的外觀。將面向道路的外牆開口部壓制到最小，而保有對外完全的隱私。外牆的木格柵門，以及有杉板模木紋的美麗圍牆，增添了日式氛圍。住宅的中心，是呈V字型，往上逐漸寬敞的中庭。而面向中庭配置的躍層設計，創造出與家人之間恰好的距離感和連結。

POINT
特色

車庫

利用道路的坡度，將車庫設置於半地下的空間。利用格柵遮蔽玄關通道。

中庭

藉由中庭連結客廳、兒童房及主臥室。欣賞與家人共同成長的樹木亦充滿樂趣。

不讓屋簷伸出，相當俐落的屋頂
鋼筋混凝土圍牆，使用杉板模增添柔和的印象

剖面圖

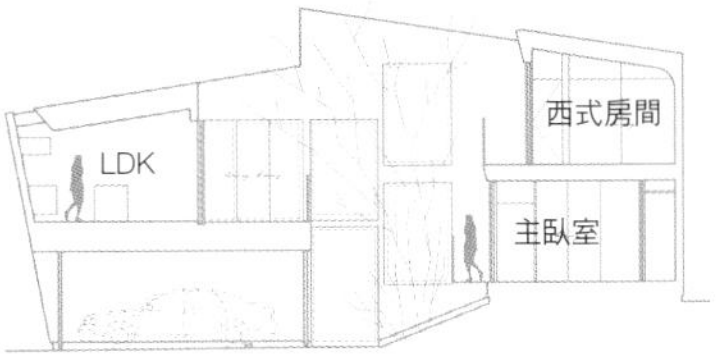

LDK
西式房間
主臥室

以中庭為中心的躍層結構設計。任何地點都能保有適當的距離，感受家人彼此的氣息。

1F

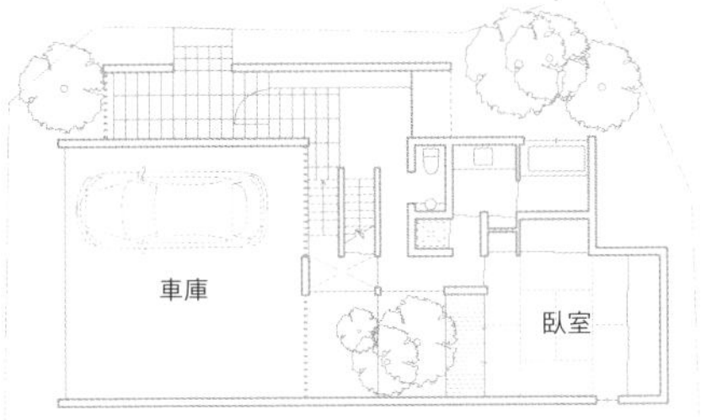

車庫
臥室

1樓是半地下化的車庫及臥室。透過挑高的中庭，確保了通風及採光。

PLAN
室內的空間配置

建築概要
建築面積／169.50 m²
總樓地板面積／167.16 m²
設計／T-Square Design Associates

黑色的格柵門
營造出沉穩的
和式氛圍
流動的曲線讓
整體形象更加柔和
混著草桿的
土牆風牆面
格子門的裡面是
兼做車庫的玄關口

建築概要
建築面積／100.00 m²
總樓地板面積／86.05 m²
設計／acaa

利用黑色格柵，讓土牆風的牆面更具風情

02

地上2層樓／木造

為了配合滿是風沙的茅崎風情，將外牆塗上混著草桿的灰泥，並以抹刀修飾，設計成土牆般的風格。在入口處的上下分別設置黑色的格子門，營造出沉穩內斂的和式氛圍。白天可以敞開格子門，並掛上門簾，享受不同的住宅表情。

POINT 特色

中庭

匸字型建築所圍起來的中庭裡種有羅漢竹，遮蔽了格子外的視線。

日式簷廊

簷廊彷彿圍著中庭裡的竹林，將臥室及浴室等各個空間串連起來。

POINT

特色

圍欄

做為遮蔽客廳的圍欄，利用寬度不一板材橫貼，相當有設計感。

廚房（1F）

站在廚房時，視線的前方是讓光線進來的開口部，營造出空間的開放感。

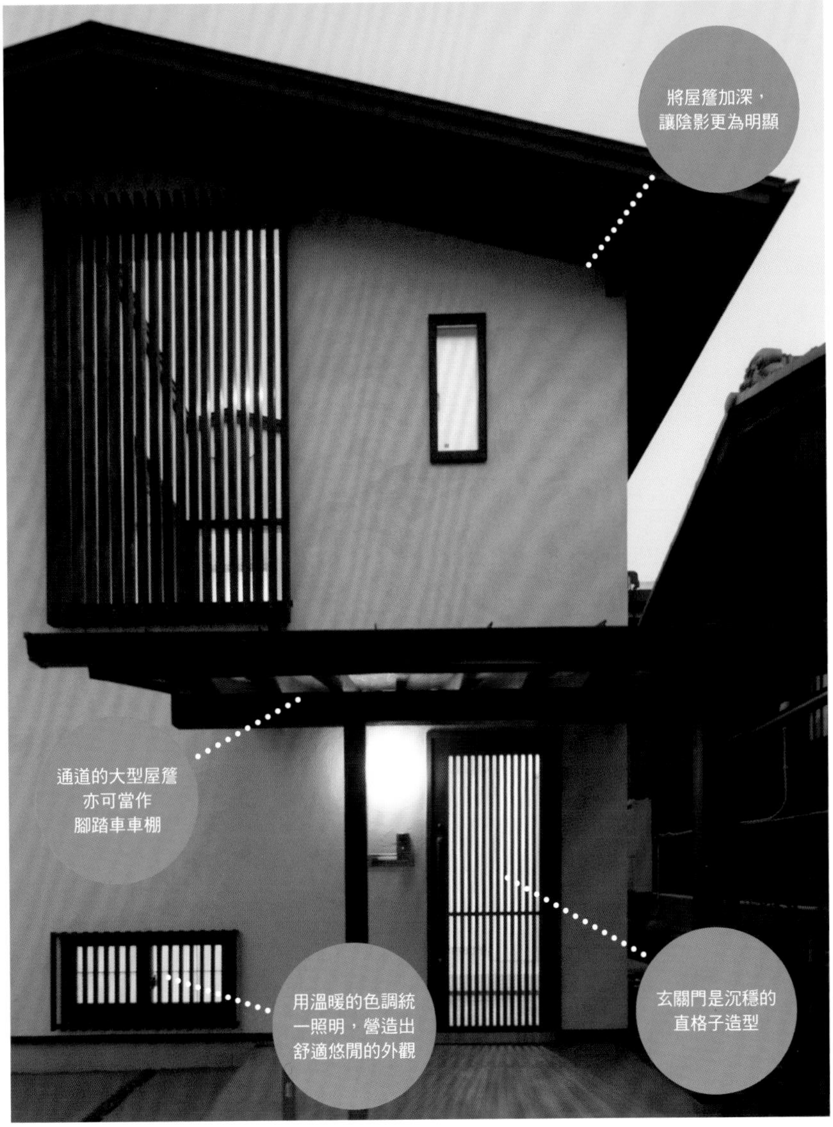
將屋簷加深，讓陰影更為明顯
通道的大型屋簷亦可當作腳踏車車棚
用溫暖的色調統一照明，營造出舒適悠閒的外觀
玄關門是沉穩的直格子造型

建築概要
建築面積／150.83 m²
總樓地板面積／120.57 m²
設計／廣渡建築設計事務所

深簷形成的陰影與窗戶的燈光，營造出日式風情

03

地上2層樓／木造

從窗戶可看見歷史相當悠久的寺院，是氣氛相當幽靜的地方。在外觀上，以能夠與景色互相融合為第一考慮，而設計出有著深簷的懸山式屋頂以及直格子的外型。在灰泥外牆利用木鏝形塑表面，形成饒富趣味的表情。窗戶與格子的黑，以及屋簷所形成的陰影，襯托出了牆面的白。

PLAN | **1樓的空間配置**

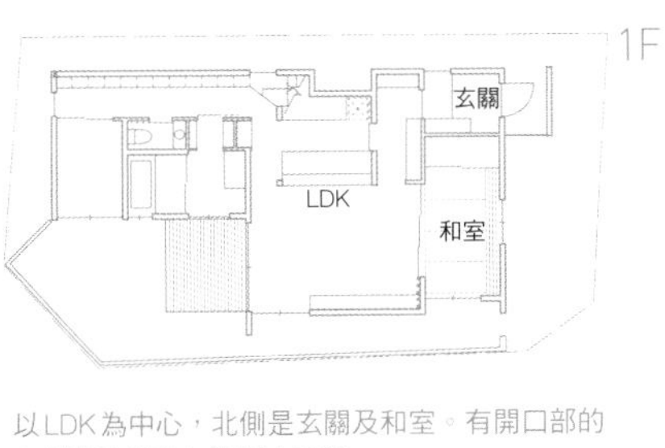
1F
玄關
LDK
和室

以LDK為中心，北側是玄關及和室。有開口部的南側則設置露台及個人房間。

有寬度的
格柵材，阻絕了
來自側面的視線
強調懸山式屋頂
及直條格柵，
營造出日本傳統
民宅的氛圍
將上半部的格柵
從2樓地板
向下延伸，讓外觀
表現出個性

04

地上2層樓／木造

杉木格柵與懸山式屋頂，散發日本傳統民宅的氣息

懸山式屋頂與覆蓋住整個外表的杉木格柵，在外觀設計上營造出日本傳統民宅的氛圍。將2樓的格柵從2樓地板下降150cm，刻意崩解外觀的均衡，表現了個性。當然，格柵也還是有遮蔽視線的效果，同時也保護了向外突出的2樓臥室的隱私。

建築概要
建築面積／200.92 m²
總樓地板面積／158.98 m²
設計／設計atelier一級建築士事務所

POINT｜特色

陽台

為了不妨礙1樓的採光，2樓陽台的地板採用透光的玻璃纖維強化塑膠格子板。

日式簷廊

簷廊面對玄關走道旁的庭院，同時也是前往客廳與主臥室的走道。

2樓客廳的陽台，
兼做玄關的屋頂
由於是住宅
密集區，道路側
的開口部很少
利用木格柵與
水泥牆的材質感，
營造日式風情
考量到街景，
在道路邊放置植栽

建築概要
建築面積／65.47 m²
總樓地板面積／93.79 m²
設計／U設計室

格柵營造輕快印象，植栽豐富了街景

05

地上3層樓／木造

由於是住宅稠密的狹小地，來自道路或是附近住戶的視線讓人十分在意。因此在靠近道路的一側減少窗戶；同時為了不讓街道產生封閉感，在2樓的陽台以及玄關口裝上直格柵，而形成半通透的外觀。從道路能夠隱約看見中庭的植栽，滋潤了周圍的景觀。

POINT 特色

格柵

除了道路旁的植栽，利用直格柵打造出半通透的外觀，讓周圍增色不少。

玄關

位於從外面道路不太容易看到室內的玄關。木格柵及屋簷散發出自然的氣息。

在玄關利用遮簷
打造出附屬小屋，
並以杉木格柵
遮蔽視線
木材的美感，形成
相當吸引人的外觀
外牆塗上灰泥
加以修飾

建築概要
建築面積／134.71 m²
總樓地板面積／107.73 m²
設計・施工／加賀妻工務店

利用原木及珪藻土，表現出和風的自然美

06

地上2層樓／木造

在充滿韻味的灰泥土牆上，由玄關附近的杉木格柵所形成的光影，讓外觀呈現出沉穩靜謐的氛圍。玄關門、窗框以及圍欄與陽台全部都使用木材，表現出整體的統一感。從格柵以及有裝飾木椽的屋頂等，可欣賞到木構造特有的美感。

POINT 特色

玄關

往玄關的通道，將上面的屋簷利用裝飾木椽加以修飾。

自然素材

木製格柵與圍欄呈現統一感。室內、地板和牆面使用原杉木和珪藻土等素材。

外牆是塗上
火山灰泥並利用
泡棉刷出紋路的
白洲牆
遮擋外面的
視線，同時讓
家裡能夠欣賞到
花草樹木的庭院
玄關入口及通道
多使用在地建材

建築概要
建築面積／108.39 m²
總樓地板面積／104.86 m²
設計／伊禮智建設室
施工／安部建設

簡約的造型與溫暖的色調。與周圍十分協調的外觀

07

地上2層樓／木造

位於名古屋市，有著許多古老民宅的地區。與周圍維持和諧的設計，打造出優雅沉穩的外觀。外牆採用白洲牆，並由建築師伊禮智挑選出與自然調和的色彩做搭配。在面向南側道路的位子設置前院，讓附近鄰居也可做為休憩之用。

POINT 特色

玄關

夏天的時候敞開整個玄關門，讓涼風通過整個屋內南北。

庭院

有植栽而讓人賞心悅目的庭院，連接著能夠曬衣服的日光浴露台。

塗上灰泥，質感
相當漂亮的外牆
利用直格子
演出日式氛圍
剛好阻絕
視線的遮板

建築概要
建築面積／197.40m²
總樓地板面積／194.66 m²
設計／U設計室

兼顧居家安全，讓人安心的兩代同堂住宅

08

地上3層樓／木造

從京都將雙親邀來同住的兩代同堂住宅。利用木製格子、窗框及灰泥牆打造出充滿和式風情的外觀。此外，考量到居家安全，因此刻意不設置高圍牆以避免造成死角。保護隱私又對外開放的設計規劃，在居家安全上也能讓人十分安心。

POINT 特色

小庭院

在1樓的客廳前設置小庭院。利用植栽遮蔽來自外面道路的視線。

門柱

不設圍牆，利用植栽遮擋視線的開放設計的外觀。利用門柱區隔內與外。

POINT
特色

木材與外牆

玄關通道的深色牆壁，讓木構件更顯美麗。

屋簷

向外伸的屋簷環繞上方，在迴廊形成日蔭

木組合

屋簷下方可看見美西側柏木椽及桁架等木組合。

減輕給附近鄰居造成壓迫感的單斜屋頂
大型的屋簷下是陽台
美麗的木構件，隨處可見
有著深簷的迴廊。即使下雨天，室內也不易弄濕

建築概要
建築面積／318.34㎡
總樓地板面積／114.46㎡
設計／設計atelier一級建築士事務所

「木構件由木組成」的美，透過大型的屋簷讓人印象深刻

09
地上2層樓／木造

由於住宅的南側是一片空地，因此對日照的控制便顯得十分重要。為了夏季能夠遮陽，而冬季則盡可能引進日照，所以架設了大型的屋簷。此外，透過木構件的展現，讓和式風情留下深刻的印象。外牆是呈現對比的2色。將上半部刷白呈現出輕快和諧的感覺。

PLAN｜**1樓的空間配置**

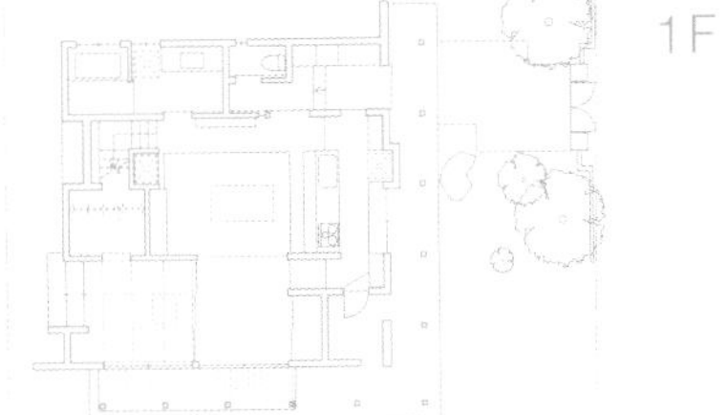
1F
將臥室及客廳配置在景色極佳的南側，打造出冬暖夏涼的居家空間。

圍牆上的門扉，
透過溫暖的木質感
增添和式氛圍
與外牆合為一體
的圍牆，讓整個
基地都能
成為生活空間
垂直的長縫，
確保通風的順暢

建築概要
建築面積／175.41 m²
總樓地板面積／120.26 m²
設計／黑木實建築研究室

外牆與圍牆合為一體，讓生活空間最大化

10

地上2層樓／木造

為了讓整個基地都能做為一個生活空間使用，設置了與建築物合為一體的圍牆。同時，為了不讓圍牆造成周邊的封閉感，打造了能感覺到與街道發生連結的長縫。由於靠近高速公路的外牆容易髒汙，因此1樓的外牆選擇以顏色較深的灰泥修飾。

POINT 特色

停車場

停車場能夠停2台車。在基地的界線設置植栽，同時亦美化了周邊景色。

圍欄上，門扉溫暖的木質感，加強了日式氛圍
木板橫貼的圍欄，模糊了建築物高度
遮蔽視線的植栽，同也有柔和建築整體印象的效果

建築概要
建築面積／164.29 m²
總樓地板面積／137.46 m²
設計・施工／創建

深色的外牆，透過圍欄及植栽變得柔和

11

地上2層樓／木造

南面有很多行人經過的轉角地，如何兼顧隱私與採光是最主要的課題。透過植栽與圍欄蔽視線，並利用挑高的窗戶讓光線進入，在設計規劃上相當費盡巧思。同時，為了不讓周圍感到壓迫，在外觀上壓低整體高度，並利用樹木及植栽增添日式氛圍並加強溫和的印象。

[POINT | 特色]

採光

客廳有兩面對著道路，在挑高的位置裝上大型窗戶，讓光線能夠進來。

木材

深色的外觀，露台、圍欄及戶袋（※）等處使用木材，讓整體呈現溫和的感覺。

※戶袋：日本的建築中，收納擋雨板用箱型構造。

深灰色的灰泥牆
讓表情更顯俐落
從外牆
稍微往上的位置
是連著屋頂的
大屋簷
色調柔和的米色
刮紋煉瓦磁磚

建築概要
建築面積／389.20m²
總樓地板面積／141.00 m²
設計／R-TYPE

抑制量體，大玩各種素材

12

地上2層樓／木造

配合周邊的景觀，在建築物的量體上特別做了調整。從基地的前面，圍欄、平房到天窗的部分，利用高度不同的牆壁重疊交錯，讓外觀有了延伸感。煉瓦磁磚與灰泥組合而成的外牆，以及有簷廊的平房結構等，強調整體的和諧，打造出摩登的和風住宅。

[POINT | 特色]

日式簷廊

能夠好好欣賞庭園綠意的日式簷廊。簷廊也是連接建築物與庭院間的空間。

玄關

通道的御影石。在玄關內部填上隔熱材，接著使用橡原木做加工處理。

讓周圍不感到
壓迫，平房般的
正面外型
透過紅色郵筒及
植栽，增添
摩登氣息
鋪上磚塊的通道
鋁製的擋雨板是
現成品。外面的
裝飾板則是
朱紅色的杉木板

建築概要
建築面積／246.00 m²
總樓地板面積／120.56 m²
設計・施工／小林建設

歐式風格的外觀，透過黑×朱紅讓住宅散發出日式風情

13

地上2層樓／木造

利用大型屋頂降低建築物的空間大小感受，從正面看起來像平房一般的家。外牆主要是黑色的鋁鋅鋼板。1樓的外牆以及擋雨板旁的朱紅色杉木裝飾板，增強了視覺上的感受。不會太過和風的室外規劃，讓外觀整體呈現出摩登的和風氣息。

POINT 特色

大型屋頂

正面看似平房，從側面看卻是2層建築。屋頂俐落的線條，讓人印象深刻。

簷廊

在客廳及和室設置簷廊，使得進出寬敞的庭院更加容易方便。

外牆與屋頂是
沉穩優雅的
黑色鋁鋅鋼板
屋簷的下方
採用的是杉木材，
營造出日本傳統
民家的氛圍
面對浴室的
庭院四周，是
兼做屏障的
檜木圍欄

建築概要
建築面積／302.00 m²
總樓地板面積／165.48 m²
設計・施工／COSMO

檜木圍欄以及屋簷下的杉木，散發出日本傳統民家的風情

14

地上2層樓／木造

京都傳統日本民家般的外觀設計。外牆與屋頂使用黑色鋁鋅鋼板，讓洗鍊的氣質與古色古香的沉穩同時並存。利用基地的高低差而打造出從浴室能夠眺望的庭院造景，用檜木圍欄做為屏障。讓明亮的木頭色則成為了外觀上相當柔和的視覺焦點。

POINT｜特色

通道

打造像京都石鋪地一般的感覺，玄關通道以拼貼的手法鋪上磁磚。

書房（2F）

榻榻米和傾斜的天花板打造出沉穩的書房。採光來自小天窗及獨立外窗。

建築概要
建築面積／499.21 m²
總樓地板面積／105.99 m²
設計・施工／小林建設

15 大型的屋頂及寬敞的通道，營造讓人感到舒適自在的外觀

地上2層樓／木造

圍繞四周的屋簷，打造出沉穩的外型
對著道路將建築物旋轉45度，在空出來的地方擺設植栽。

將住宅對著道路調整45度，把客廳配置在最南邊。道路與玄關間的通道所空出來三角形土地，可用來放置植栽跟當做停車位使用。由於屋主也希望看起來是平房的外觀，因此只有將小孩的房間配置在2樓，並將整片大型屋頂做向下伸展的設計。透過圍繞在1樓的屋簷，壓低了整體的印象。南側的屋頂特別向外延伸，遮擋了夏季的日照。

建築概要
建築面積／165.97 m²
總樓地板面積／117.58 m²
設計・施工／kinoshiro ICHIBAN

16 基本的2層樓建築，利用雙色充分表現出個性

地上2層樓／木造

南北的外牆是直貼的燒杉板
東西的外牆是自然素材的白砂牆

在不同的牆面分別使用黑色燒杉板與白色砂牆，形成非常具有個性的外觀設計。在正面，為了營造玄關附近明亮的印象，因此採用白砂牆和木紋玄關門。此外，使用顏色自然的木紋貼皮在三角屋頂的前緣、屋簷的內側、窗框以及北側的窗格子上，增加了柔和的印象。為了不破壞整體的風格，在室外設計配置了散發著和風氣息的石子和綠意，形塑出統一感。

Chapter

4

純和風

由日本的氣候與環境
所孕育出的傳統日式風格。
重視木、竹、石、砂等各種自然素材，
散發出舒適沉穩的風情。
包括遮蔽外來視線所運用的方法，
在在都讓人感受到高雅。
不論是格柵或是植栽的擺設，以及玄關口的位置等，
都暗藏著許多的巧思。

JAPANESE
STYLE

JAPANESE
STYLE

入口
從上下屋頂，然後接著外面的圍牆，形成協調有層次的外觀
沒有多餘的裝飾，簡單大方的大門

中庭
與客廳相連的賞月台

建築概要
建築面積／609.67 m²
總樓地板面積／207.94 m²
設計／maniera建築設計事務所

簡潔的日式直線美，打造出優雅高尚的外型

01

地上1層樓／木造

以數寄屋造（※）為基礎，活用和風住宅特有的直線美而設計出來的住宅。質樸、簡單構成的大門迎接著訪客的到來。壓低上層屋簷的高度，延著下層屋簷然後接續至外牆防水木條的線條，讓外觀與周邊以及自然互相調和，營造出高雅的和風印象。

※數寄屋造：日本傳統建築樣式的一種。取自傳統茶室風格，質樸洗鍊的風格為其主要特徵。

[POINT | 特色]

石鋪地與階梯

通過大門後是御影石鋪地，然後向階梯延伸，將客人引導至玄關。

通道

連接玄關土間的階梯式通道，在傳統和風的設計中加入時尚的元素。

與客廳相連的
賞月台
大型屋頂及
日式簷廊，阻絕
了來自
對面大樓的視線
基地位於坡
地上。利用擋
土牆打造出
階梯式通道

建築概要
建築面積／269.74m²
總樓地板面積／89.42 m²
設計／設計 atelier 一級建築士事務所

伸向斜坡的日式簷廊與大型屋頂，打造出坡地特有的風格

02

地上2層樓／木造

高7m的山丘斜坡。為了消除壓迫感，將2樓的房間挪到後面，並增加屋頂的斜度以縮小空間的視覺感受。伸向斜坡的日式簷廊，以及區隔房間的直條木質拉門，柔和地讓內部與外部的空間產生連結。大量使用的杉木材，營造出相當具有日式風情的住宅。

POINT **特色**

日式簷廊

有著非常美麗的木紋與顏色的美西側柏木簷廊。外側的扶欄還可當作長椅。

土間

動線的設計為通道隔著土間，然後連接著有客廳及廚房的單人房。

能感受到
木質溫暖氣息的
木頭窗框
活用山坡的
位置，有開放感
的大型窗戶
基地位於與道路
有3.7m
高低差的坡地

建築概要
建築面積／261.69 m²
總樓地板面積／120.89 m²
設計・施工／相羽建設

位於山坡地而不感到壓迫，營造出恰好的開放氛圍

03

地上2層樓／木造

基地位於坡頂上，南側的視野十分開闊，因此盡可能地壓低建築物的高度以調和周邊的景觀。將南側的大型窗戶、戶袋、玄關門把、屋頂的破風以及封簷板等全都使用木材，營造出柔和的印象。同時，外牆亦選擇有著溫暖氣息的淺色系。

[POINT | **特色**]

日式簷廊

客廳的窗外設置日式簷廊，形成室內與庭院連成一體的舒適空間。

屋頂

為了能親切地迎接訪客，縮小2樓量體，並壓低南側屋簷，以消除壓迫感。

壓低1樓的
屋頂，看起就像
與鄰宅的屋頂
相連一般
刻意從道路向
後退而打造出的
小庭院
與外面的道路
沒有高低差，
相當平坦的通道

建築概要
建築面積／653.01 m²
總樓地板面積／270.10 m²
設計・施工／IMURA

配合老街的景觀，沉穩地與鄰家調和

04

地上2層樓／木造

位於宿場町，有300年歷史的重建住宅。外牆是象牙色，一部分則使用灰色。直條木格柵裝在玄關以及窗戶上，打造出沉穩內斂的外型。此外，為了讓外表看起來彷彿與鄰宅的屋頂相連一樣，將靠近道路的1樓屋頂壓低，形成與老街所保留的風情十分和諧的設計。

[POINT 特色]

格柵

裝在窗上的褐黑色木格柵，豐富了整體的視覺感受。

石塊

將原本置於中庭的舟型石改放在玄關入口，營造雅緻的空間。

屋頂使用傳統的
日本瓦
對著主屋，將
停車位及門斜置
木板圍牆的
絕妙高度，
阻絕了視線
卻不帶來壓迫感

建築概要
建築面積／691.79 m²
總樓地板面積／251.70 m²
設計・施工／鈴木工務店

木板圍牆曲折的線條，讓外觀看起來更為深長

05
地上2層樓／木造

由於基地有三面同時對著道路，利用高度恰好，無壓迫感的圍牆阻絕了來自道路的視線。上下兩層屋頂的水平線條，以及對著主屋拉斜的牆線，增加了整體外觀的深長。鋪在通道的大型十和田石（凝灰岩的一種），以及屋頂的日本瓦等，運用各種能夠強調出和式氛圍的素材，亦成為了這住宅的特色之一。

POINT 特色

通道

通往玄關的通道鋪著十和田石，讓色深寬廣的玄關門看起來更有質感。

待客室（1F）

玄關與客廳間的和室。推開兩側隔扇則形成開放空間，拉上時成為會客室。

採日本傳統屋瓦的山形屋頂。水平直線鋪排，整齊俐落
在玄關外牆的下半部，垂直貼上扁柏原木材
支撐橫簷的裝飾柱是直徑超過20㎝的杉圓木
玄關散發出有如和風旅館般的靜謐氣息

建築概要
建築面積／287.85 m²
總樓地板面積／180.72 m²
設計・施工／丸信住宅 業

運用大量的木材，演出經典的日式風情

06

地上2層樓／木造

由於不在法定防火示範區裡，因此在外觀上能夠自由地使用木材。在正面寬敞的玄關裝上屋簷，並利用檜原木格柵遮蔽視線。玄關兩旁的外牆下半部則貼上扁柏原木材。外牆選用沉穩的色調，打造出外型簡約的和式住宅。

[POINT | 特色]

玄關口

正面挑高空間相當搶眼的是直徑40cm、高7m的杉圓木。地板為原木杉板。

玄關

寬敞舒適的玄關長7.28m。利用裝飾板營造出彷彿日式旅館入口般的風情。

石灰質的
水泥牆，表面
經刷紋處理
考量到地震
發生的可能，採
用在鋁鋅鋼板
壓上天然石粒的
輕量屋頂材
利用木質坡道
解決了與道路的
高低差

建築概要
建築面積／365.26m²
總樓地板面積／199.10 m²
設計・施工／持井工務店

重疊的懸山式屋頂與木質感，營造出和式趣味

07

地上2層樓／木造

為了解決與道路的高低差，在停車場到玄關入口之間設置木質坡道。從入口將木質露台與客廳做延伸，讓道路、基地以及住宅形成一體。重疊的屋頂與門廊、有質感的外牆與壓低的木板圍牆，共同演出了和風氣息，讓素材經年變化也能充滿韻味。

POINT 特色

懸山式屋頂

山形屋頂重疊相連，與玄關門廊營造日式氛圍。圍牆和植栽適度遮蔽視線。

庭院

設置在客廳南側的庭院，利用石頭與植栽營造日式氛圍。

將門、車庫以及住宅統一設計成沉穩的純和風
雖然是平房，但利用雙層的屋頂營造出穩重感
由於前面的道路狹窄，因此將門移到基地裡

建築概要
建築面積／755.45 m²
總樓地板面積／203.71 m²
設計・施工／COSMO

散發出和風質感的傳統門構

08
地上1層樓／木造

周邊有許多有古老日本民宅的街道。沉穩的日本瓦屋頂與鋪設在室外的鐵平石（安山岩的一種）相互調和、形成與街道的氣氛十分契合的外觀。外牆採用容易保養，且充滿和風感的木紋鋁鋅鋼板。將大門及車庫等室外設計的風格也統一，打造出美麗的和風住宅。

POINT 特色

挑高設計

雖然是平房，但透過挑高設計讓天花板變高，使玄關成為具有開放感的空間。

通道

玄關的通道上使用鐵平石。周圍的外牆則貼上磁磚，營造出整體的和諧感。

魚鱗板外型的
鋁鋅鋼板
與外牆設計
統一的圍牆
車棚地面接縫
填上房子解體
留下的屋瓦，
提昇視覺感受

建築概要
建築面積／434.27 m²
總樓地板面積／186.04 m²
設計・施工／COSMO

白與黑的配色，打造出土藏風格的住宅

09
地上2層樓／木造

由悠閒的田地所包圍，位於東北方轉角地的重建住宅。整體的規劃是以打造出土藏（※）風格，並活用雙親十分珍惜的庭園造景為設計。抑制玄關所在的北側的開口部；在向南的客廳則設置大型的開口部。在白與黑相當俐落的配色當中，利用木材添加了溫暖的氣息。

※土藏，日本傳統建築樣式的一種。白色的土牆並貼有板材為其主要特徵。

[POINT｜特色]

車庫

車庫的開口部是直格子的拉門。愛車從木條間若隱若現。

庭院

將有簷廊的和室及客廳圍著庭院配置。簷廊的屋簷利用裝飾板美化。

建築概要
建築面積／760.34m²
總樓地板面積／228.49 m²
設計・施工／丸信住宅産業

10 美麗組合的傳統屋頂

地上2層樓／木造

1樓屋頂的上半部兩側有斜坡，下半部則是向四面傾斜的傳統「歇山式屋頂」。2樓的屋簷特別向外突出，出簷長達1米，十分充滿迫力。屋頂的坡度以及大小比例十分均衡，讓外觀看起來更加洗鍊俐落。在玄關外牆的下半部貼上檜原木，讓玄關四周呈現出明亮的印象。

均衡美麗的歇山式屋頂
巨大的庭院石及樹木，非常適合這和風住宅

重疊的屋頂及木材的材質感，包含室外設計都能讓人感受到純和風的美麗住宅。

建築概要
建築面積／1388.75 m²
總樓地板面積／140.14 m²
設計・施工／安部建設

11 充分享受木材的溫暖氣息，讓人放鬆心情的日式簷廊

地上2層樓／木造

實現屋主「想要住在真正的木造房子」的想法。沉穩的深色鋁鋅鋼板以及淡米黃色的牆壁，透過簷廊與2樓窗前的木質欄杆，豐富了整體的視覺感受。配合建築物的外觀所設計出來的庭院，綠意的高低起伏以及踏石的蜿蜒線條，讓直線為主的建築物多了分柔和感。為了能應付許多訪客的到來。玄關採用能夠非常敞開的拉門做為玄關門。

可穿過四季花朵盛開的庭院
簷廊讓外觀營造出和風印象

庭院的樹木阻絕來自道路來的視線，而欣賞樹木的成長本身也充滿著樂趣。

Chapter
5

異國住宅風

質樸的水泥牆
配上素燒或陶質瓦的南歐風、
使用明亮色調的木材及磚頭的美式風，
穩重而高雅的英國風……。
蒐集了在電影場景裡，或是旅途中所見、
如飯店般的各種造型外觀。
請你也選擇出適合自己的素材及室外設計，
實現出嚮往的住家風格。

OTHER
STYLES

OTHER
STYLES

01

地上2層樓
／木造

對稱的設計，沉穩的喬治亞風格

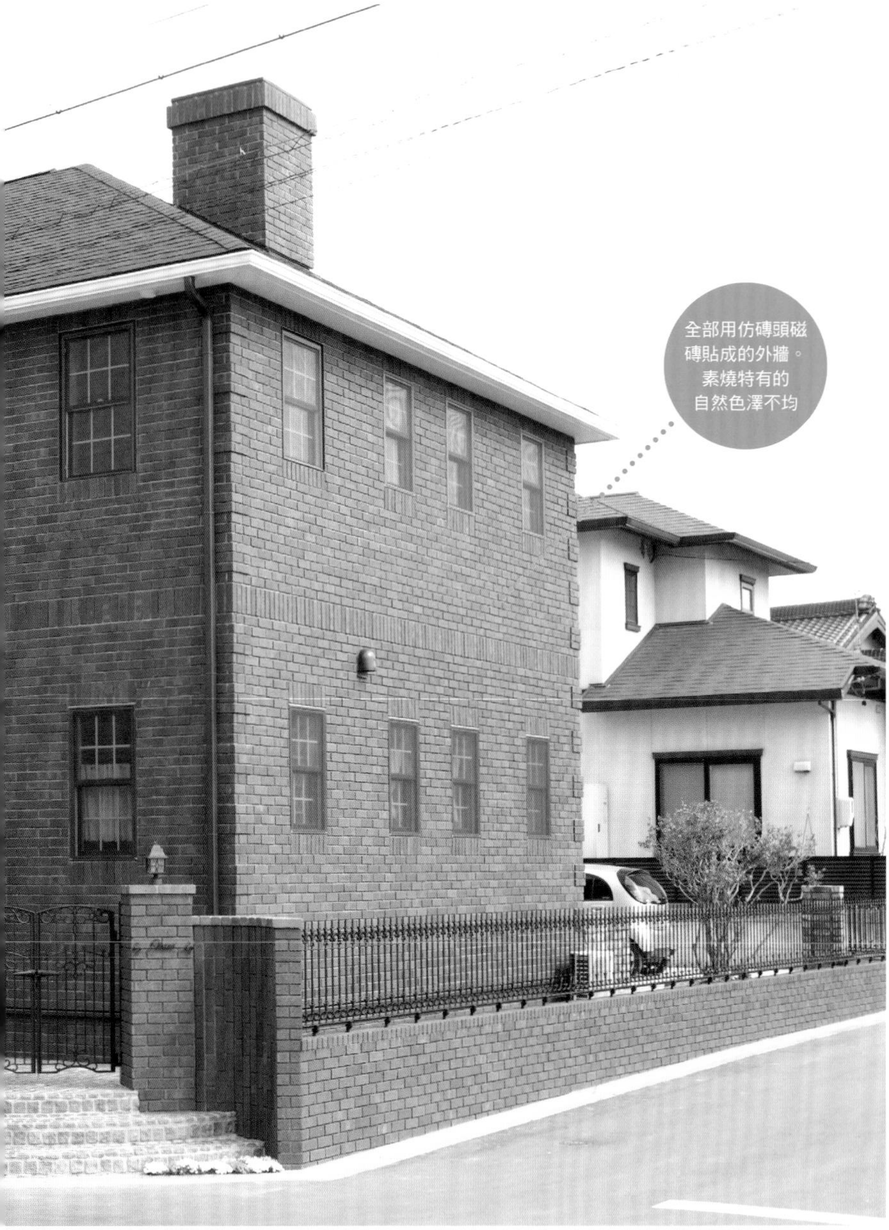

全部用仿磚頭磁磚貼成的外牆。素燒特有的自然色澤不均

長年居住在海外的屋主所特別要求的真正的歐式住宅。整體營造的是以紅磚外牆和屋頂有老虎窗為主要特色的英國喬治亞建築風格。

由於基地位於轉角，整片的紅磚外牆，營造出沉著而穩重的感覺。此外，窗戶在配置上也相當講究，使得從任何角度看起來，外觀都能夠非常美麗。為了保持建築物的對稱，即使從房間裡看不到的位置也裝有窗戶，其他包括照明、屋簷到地面的排水管等，也都特別考慮了整體和諧與均衡。

建築概要
建築面積／289.86㎡
總樓地板面積／143.34㎡
設計・施工／拓穗工務店

POINT

特色

屋頂有老虎窗的
喬治亞風格的家
外層是樹脂、
裡面是木質的
Marvin 進口木窗
玄關門
高2.4米。
SIMPSON的
進口木門

玄關

看不到玄關屋頂的接縫，非常漂亮的施工。羅馬柱（裝飾柱）與整體的設計也十分搭配。

階梯

相對於位在建築中央的玄關，門扉則置於角落。圓弧的階梯營造出空間的縱深感。

陽台

2樓陽台的牆壁也是貼上仿磚頭磁磚。不論從哪個角度看上去都十分迷人。

照明

夜裡的燈一亮，更凸顯出外牆的質感，以及上下拉窗的整齊配置。

採用
科茨沃爾德的
黃石灰石，
柔和的
色調充滿魅力
白色的外牆，
塗的是以大理石
為原料的
仿岩塗料
表現出個性的
尖屋頂
從屋頂隱約
可見的裝飾
煙囪，豐富了
視覺的感受

建築概要
建築面積／310.72 m²
總樓地板面積／145.41 m²
設計・施工／BELLWOODHOME

純白的牆面加上拱窗，打造出英式外型

02

地上2層樓／木造

打造有如英國住宅般的外觀。由於旁邊沒有其他建築，為了讓側面從道路看上去也能相當醒目，利用仿半木構造建築的裝飾板以及多角形閣樓，讓外觀從不同的角度欣賞，表情也能跟著變化。另外，沿著道路配置的大型窗戶，則讓整體呈現出開放明亮的氛圍。

POINT | **特色**

玄關

拱形的玄關口表現出沉穩。圓形的窗戶也讓人印象十分深刻。

背面

背面的外牆是仿半木構造建築的裝飾板，任何角度都能欣賞建築物各種表情。

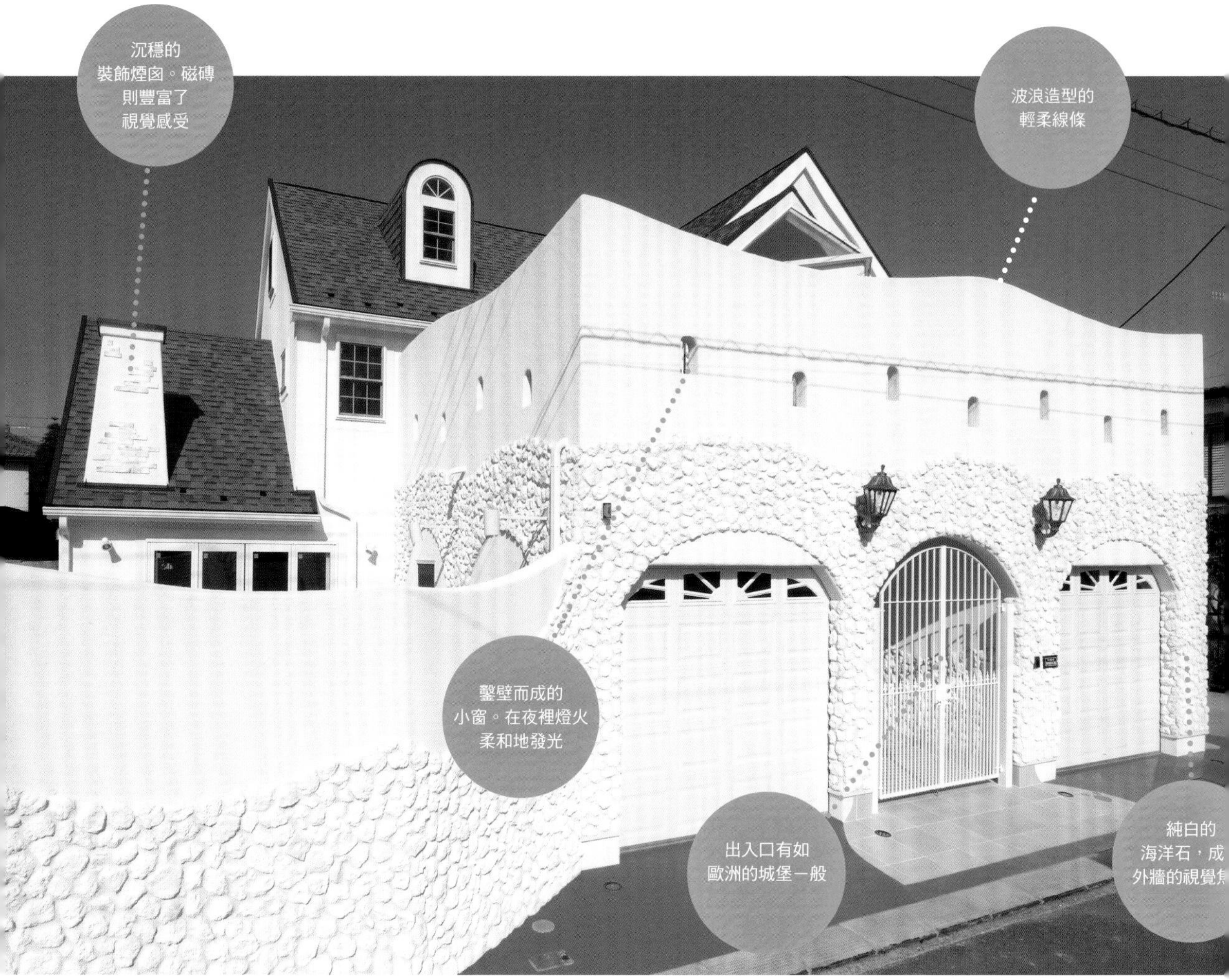
沉穩的
裝飾煙囪。磁磚
則豐富了
視覺感受
波浪造型的
輕柔線條
鑿壁而成的
小窗。在夜裡燈火
柔和地發光
出入口有如
歐洲的城堡一般
純白的
海洋石，成
外牆的視覺

建築概要
建築面積／214.24 m²
總樓地板面積／179.88 m²
設計・施工／BELLWOODHOME

向太陽閃爍發亮的地中海風住宅

03

地上2層樓／木造

以地中海住宅為基調的外觀，讓人能感受到最喜歡的海洋氣息。由於四周都有其他建築，讓圍著露台及陽台的牆壁與建築物形成一體，並縮小開口部以確保隱私。在外牆塗上以大理石為原料的仿岩塗料，當陽光照耀時，能夠更加明亮閃耀。

POINT **特色**

室內車庫

隔著玄關，在兩處設有室內車庫。

露台

2樓是連接浴室的露台。用開口部少的外牆所包圍出的私密空間。

橫豎整齊的
3連窗，線條
十分優美
明亮的光線
從天窗
照進客廳
配合灰藍色的
外牆，將木質
圍欄漆上
灰色塗料
大屋頂下的
美式迴廊是
主要特色

建築概要
建築面積／310.66 m²
總樓地板面積／155.77 m²
設計・施工／Fronville Homes Nagoya

電影中讓人嚮往的早期美國拓荒風情

04

地上2層樓／木造

大屋頂下的美式迴廊充滿特色，美國早期西部拓荒風格的家。配合灰藍色的外牆，平板瓦是黑色，而在三角屋頂的前緣、窗戶的裝飾框條以及煙囪等等，則分別漆上了特調的灰色塗料。前院及通道的拉斜配置，增加了寬敞與深長感，讓建築物散發出沉穩的氣息。

[POINT | **特色**]

外牆

外牆採用的是將木板一片片交疊貼上的「魚鱗板」工法。

磚頭

玄關口有老磚堆砌而成柱子。磚頭特有的質感和暖色調使外觀更具特色。

用玻璃纖維材
所打造出的
平整屋頂
木製的
滑升式電動捲門
206
充滿許多
懷舊小物的
前院。這個是
舊停車收費錶
枕木及磚頭
豐富了庭院的
表情

建築概要
建築面積／198.01 m²
總樓地板面積／160.73 m²
設計・施工／Fronville Homes Nagoya

室外配件也十分講究，真正的北美風格

05

地上2層樓／木造

曾在加拿大生活過的屋主，心目中的理想是打造出真正的北美風格，擁有大型室內車庫以及戶外涼亭的住宅。因此將住宅配置成L型；讓車庫靠近道路，庭院裡設置涼亭，實現了屋主的期盼。另外，也講究通道的鋪材、圍籬以及門牌等的素材，讓整體能夠充滿韻味。

[POINT | 特色]

玄關

玄關的木門內側是可以打開的紗門。讓涼爽的風能夠通過庭院進入屋內。

植栽

玄關前方是有屋頂的戶外涼亭。植栽恰好遮住視線，成為隱密的私人空間。

屋頂鋪著混搭的
素燒風陶瓦，
呈現出
明亮的色調
鐵件壁飾
充滿特色
和緩的曲線以及
磚塊的運用，
增添了自然氣息
簡單的
白色窗框，
調和了整體家的
氛圍

建築概要
建築面積／241.33 m²
總樓地板面積／138.95 m²
設計・施工／kinoshiro ICHIBAN

裝飾豐富熱鬧的普羅旺斯風格

06

地上2層樓／木造

給人漂亮、明亮且散發出溫暖氣息的普羅旺斯風格的家。屋頂鋪上許多不同顏色混搭的素燒風屋瓦而呈現出明亮、活潑的印象；在顏色的選擇與混搭的比例上亦精心挑選過。鐵件壁飾以及磚塊非常的具有特色，配上圓弧的拱門，營造出相當可愛的外觀。

[POINT | 特色]

木質露台

木質露台做為室外客廳而被充分利用。可用來做為烤肉或是泡茶等休憩的場所。

紅磚

用磚塊裝飾的直立式水栓。讓室外規劃也能與整體的設計風格十分契合。

玄關的燈用的
是屋主所喜愛的
法製燈罩
窗戶的木框漆上
黑色塗料
特製的玄關門
利用復古漆，
表現出斑駁的
歲月感

建築概要
建築面積／63.56 m²
總樓地板面積／101.83 m²
設計／造・建築空間研究所

優雅內斂，如法國的舊雜貨店般的造型

07

地上3層樓／鋼骨造

前寬4米的狹長型基地。前後細長的外觀，從道路上只能看的到南側。整體的造型彷彿是歐洲的小雜貨店。利用房子建造前，屋主所購買的法製燈罩做視覺印象的延伸，實現了沉靜悠閒、有如咖啡館一般的外觀設計。

[POINT｜特色]

照明

裝上透明玻璃，是為了透過玄關內的燈光，讓牆面上的壁飾從外面被看見。

LDK（2F）

具開放感挑高3m的LDK。等長比例的窗戶營造出舊式混和公寓般的感覺。

高雅的
拱型入口
描繪出
優雅線條的
階梯式通道
利用基地的
高低差所打造出
可停放2台車的
室內車庫

建築概要
建築面積／166.33 m²
總樓地板面積／191.01 m²
設計・施工／Fronville Homes Nagoya

高雅的歐洲風情，融和簡約的現代風格

08

地上2層樓／木造

在寧靜的住宅街道，成為地標的外觀。向內凹的窗戶、有深度的屋簷以及彷彿由石塊堆砌的外牆線條等，讓表情有了光影，營造出沉穩優雅的氣氛。直線和曲線的完美結合也是這個家的特色之一。自然隨性的鐵件欄杆則豐富了視覺的感受。

POINT 特色

出入口

兼做陽台牆壁的入口。兩側裝有Murray Feiss的室外燈。

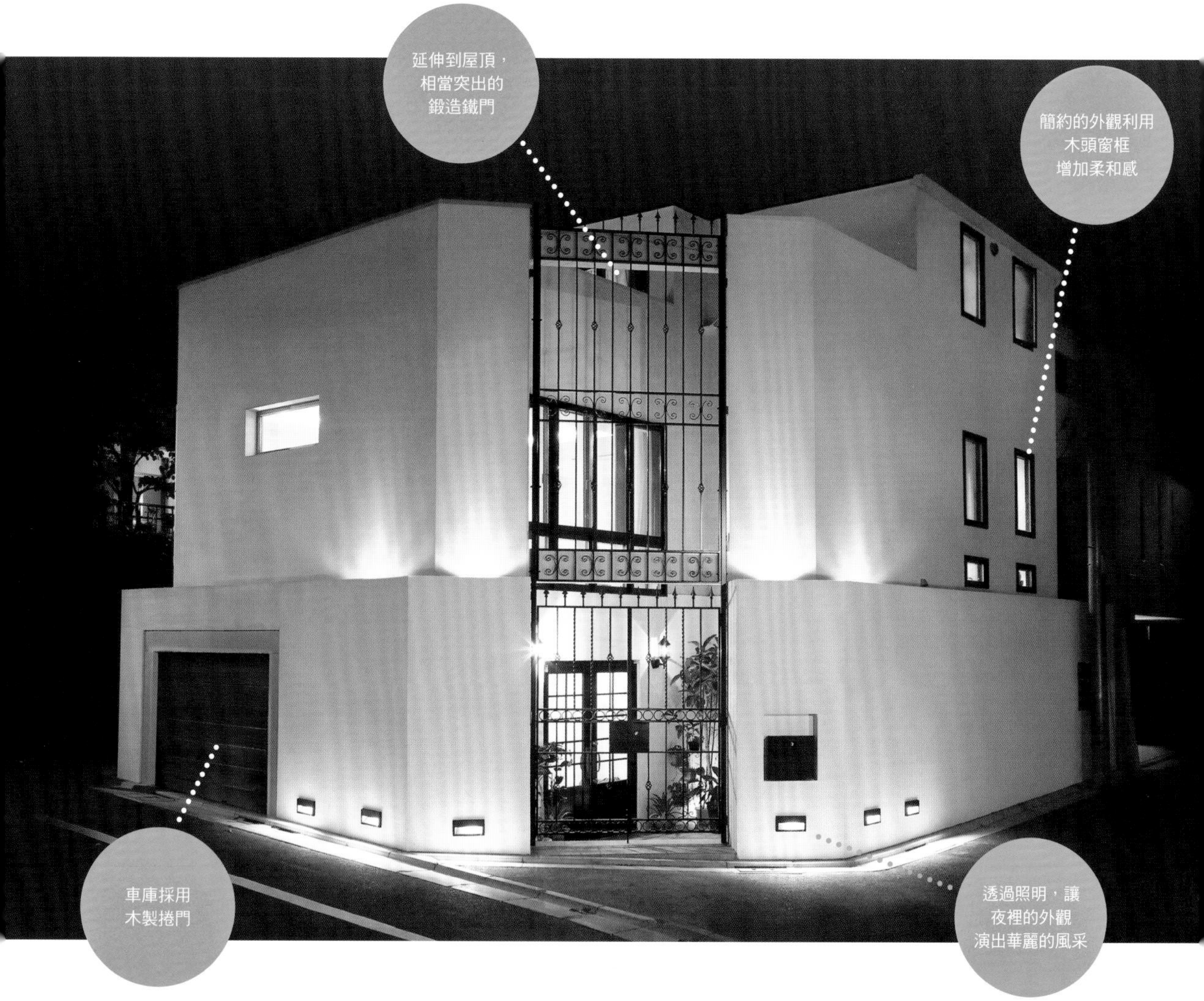
延伸到屋頂，
相當突出的
鍛造鐵門
簡約的外觀利用
木頭窗框
增加柔和感
車庫採用
木製捲門
透過照明，讓
夜裡的外觀
演出華麗的風采

建築概要
建築面積／89.56 m²
總樓地板面積／134.77 m²
設計・施工／KAJA DESIGN

特製的鐵柵門，營造出有如義大利街角般的感覺

09

地下1層樓・地上2層樓／鋼筋混凝土・木造

有如義大利的街景及用色，呈現出非常簡約又優雅的外觀。位於基地角落的入口，裝設了很有質感的鍛鐵柵門。進入門後便是中庭，強調出整體的均衡與對稱。

POINT | 特色

柵門

在入口處裝設了特別訂做的大型柵門，成為了這個家的象徵。

窗戶

大型窗戶面向中庭裝置，保護了隱私。

純白的外牆用的是
瑞士塗料
CALK WALL
1樓的屋頂
採用S型瓦，
營造出南歐風情
HASHIMOTO
車庫內的
牆壁也是
純白的
在圍牆蓋上
西洋風的
防水壓條

建築概要
建築面積／79.00 m²
總樓地板面積／99.96 m²
設計・施工／SPACE LAB

宛如西班牙住宅，純白牆壁的家

10

地上2層樓／木造

外牆使用帶著透明感、呈現出相當美麗白色的CALK WALL（天然石灰塗料）。從道路看得十分清楚的1樓屋頂使用素燒S型瓦；2樓的大片屋頂則因礙於成本，採用水泥製的西洋瓦。雖是狹小的轉角地，用圍牆圍住角落，再裝上柵門，確保了庭院的開放感。

POINT **特色**

壁飾

豐富視覺的壁飾以及窗格子都是原創設計。使用的材質是不易生鏽的鋁合金。

柵門

鋁合金柵門是面向餐廳廚房的庭院入口。波浪形的圍牆是南歐的風格。

以鏝刀塗刷上
JOLYPATE塗料，
營造出
溫暖的觸感
陽台利用
弧線營
造出柔和的
印象
活用基地的
高低差所打造出的
室內車庫

建築概要
建築面積／156.64 m²
總樓地板面積／117.37 m²
設計・施工／BELLWOODHOME

簡約的設計，加入南法的精華

11

地上2層樓／木造

為了符合住宅街道的寧靜氛圍，外觀以簡約的白色為主。但是透過鏝刀塗裝修飾的牆面以及藍色的門，則隱約散發出南法的氣息。為能夠享受山丘一覽無遺的景色而設置了陽台。陽台的欄杆、玄關旁的扶手，利用素材及設計讓整體呈現出統一感。

POINT **特色**

玄關門

在純白的外觀，現場塗裝的藍色玄關門豐富了視覺的感受。

通道

黑色的鐵製扶手，讓白色的外牆與淺灰色的階梯多了份俐落感。

外觀的顏色利用
白色×陶瓦色，
營造出
自然的氛圍
紀念樹是櫻花樹。
淡淡的櫻花色與
柔和的外觀
十分搭配
屋簷採用
S型瓦，散發出
法式氣息
與玄關口相連的
腳踏車停放處

建築概要
建築面積／188.16 m²
總樓地板面積／117.58 m²
設計・施工／SPACE LAB

以素燒瓦為視覺焦點，簡單輕鬆的法式風情

12

地上2層樓／木造

有著白牆的法式風情住宅。和住宅連為一體的腳踏車停放處，裝上屋簷並採用素燒的S型瓦強調出視覺焦點。柵門、圍牆以及玄關口的開口部等在許多地方都運用著曲線，讓整個家的氛圍變得相當柔和。仿磚頭磁磚及2樓的白色格子窗則加強了可愛的感覺。

POINT 特色

玄關口

玄關口設壁龕及拱型開口部。用小東西或是花草裝飾，讓生活充滿樂趣。

柵門

勾勒成圓弧狀的磚瓦豐富通道的視覺感受。柵門也利用曲線營造柔和印象。

寬敞的車庫
使用天然石材，充滿個性化設計的圍牆
天然石材的外牆，營造出活潑鮮明的印象

建築概要
建築面積／305.25 m²
總樓地板面積／176.41 m²
設計・施工／KAJA DESIGN

由天然石構成的美麗外觀，讓家成為渡假旅館

13
地上3層樓／鋼筋混凝土・木造・鋼骨造

活用正面寬達25m的基地，將寬敞的車庫以及住家空間能夠毫不吝惜地分開使用。利用亞洲渡假勝地般的天然石圍牆等，讓外觀有如用自然素材精心打造而成的旅館，散發出高級的舒適感。

[POINT | 特色]

天然石材

在外牆與室內都使用自然的天然石材，讓內外產生延續性。

木質露台

連接客廳的木質露台，創造出有如渡假勝地般，能夠享受優閒時光的空間。

屋頂及外牆是沉穩而內斂的色調
減緩屋頂的斜度，營造出亞洲氣息
將自然生成的香蕉樹做為紀念樹

建築概要
建築面積／298.98 m²
總樓地板面積／148.65 m²
設計・施工／SPACE LAB

活用自生樹，有開放感的亞洲風情

14

地上2層樓／木造

屋主希望的是具有亞洲風情的家。活用在購買的土地上偶然長出的香蕉樹，並利用外牆與屋瓦的配色，以及木格子窗等，營造出亞洲氣息。庭院鋪著枕木，彷彿與露台連成一氣，同時也讓旁邊的客廳感覺更加開放。

POINT 特色

木格子窗

透過特別設計製作的木格子窗，增添亞洲風情。

枕木

在庭院鋪上枕木，形塑出亞洲渡假勝地般的氛圍。

INDEX

設計事務所＋工務店INDEX

本章節將介紹協助本書製作的建築師事務所及工務店。
在您閱畢本書之後，若抱持著「我想要住在這樣的房子裡」、「想要跟這間公司諮詢」的興趣的話，隨時都可以直接聯絡。

設計事務所 INDEX

イシウエヨシヒロ
建築設計事務所

建築家名 石上芳弘
tel 072-427-6976
住所 大阪府岸和田市阿間河滝町1572
mail yia@ishiue.com
URL http://ishiue.com

井上久実設計室
建築家名 井上久実
tel 06-6719-5258
住所 大阪府大阪市東住吉区
桑津2-6-15
mail kumi_arch@me.com
URL http://www.ne.jp/asahi/kumi/arch

㈲H.A.S.Market
建築家名 長谷部 勉
tel 03-6801-8777
住所 東京都文京区本郷4-13-2
本郷斉藤ビル4F
mail webmaster@hasm.jp
URL http://www.hasm.jp

㈲岡村泰之建築設計事務所
建築家名 岡村泰之
tel 03-5450-7613
住所 東京都世田谷区豪徳寺1-1-5
mail okmr@amy.hi-ho.ne.jp
URL http://www.amy.hi-ho.ne.jp/okmr

㈱カワイ設計工房
建築家名 河合政也
tel 06-6693-8771
住所 大阪市住吉区南住吉2-4-13
mail kawai-1@violin.ocn.ne.jp
URL http://www.geocities.jp/e12mkawai

㈲黒木実建築研究室
建築家名 黒木 実
tel 03-3439-4190
住所 東京都世田谷区宮坂3-14-15
イーストウイング104
mail skyland@jcom.home.ne.jp
URL http://homepage2.nifty.com/skyland

一級建築士事務所ARCHIXXX 眞野サトル建築デザイン室
建築家名 眞野サトル
tel 06-6364-5640
住所 大阪府大阪市北区南森町2-4-34
mail office@archixxx.jp
URL http://www.archixxx.jp

アールタイプ
建築家名 波々伯部 みさ子 +波々伯部 人士
tel 06-6567-5880
住所 大阪府大阪市浪速区桜川1-2-4
Zen 602（大阪事務所）
mail hoho@rtype.jp
URL http://www.rtype.jp

㈱アルファヴィル
建築家名 竹口健太郎+山本麻子
tel 075-312-6951
住所 京都府京都市右京区
西院上花田町32
mail 001@a-ville.net
URL http://a-ville.net

acaa
建築家名 岸本和彦
tel 0467-57-2232
住所 神奈川県茅ヶ崎市
中海岸4-15-40-403
mail kishimoto@ac-aa.com
URL http://www.ac-aa.com

㈱APOLLO
建築家名 黒崎 敏
tel 03-6272-5828
住所 東京都千代田区二番町5-25
二番町テラス#1101
mail 詳見 HP email form
URL http://www.kurosakisatoshi.com

㈱ア・シード建築設計
建築家名 並木秀浩
tel 048-297-3102
住所 埼玉県川口市東川口4-10-20
mail info@a-seed.co.jp
URL http://www.a-seed.co.jp

㈱石川淳建築設計事務所
建築家名 石川 淳
tel 03-3950-0351
住所 東京都中野区江原町2-31-13
第1喜光マンション106
mail 詳見 HP email form
URL http://www.jun-ar.info

なづな工房

建築家名 嶋崎眞二
tel 072-792-0444
住所 兵庫県川西市鼓が滝3-26-52
mail info@naduna.net
URL http://www.naduna.net

長谷川順持建築デザインオフィス㈱

建築家名 長谷川順持
tel 03-3523-6063
住所 東京都中央区新川2-19-8
第二杉田ビル7F
mail interactive-concept@co.email.ne.jp
URL http://www.interactive-concept.co.jp

広渡建築設計事務所

建築家名 広渡孝一郎·広渡早苗
tel 06-6333-5948
住所 大阪府豊中市千成町2-4-29
コーポラティブハウスデネブ201号室
mail hirowatari-ao@nifty.com
URL http://homepage3.nifty.com/hirowatarihome

マニエラ建築設計事務所

建築家名 大江一夫
tel 0798-71-2802
住所 兵庫県西宮市深谷町11-14
mail maniera@maniera.co.jp
URL http://www.maniera.co.jp

㈲U設計室

建築家名 落合雄二
tel 03-3467-6213
住所 東京都世田谷区北沢2-39-6
COS下北沢 201
mail u-och@mwd.biglobe.ne.jp
URL http://u-sekkeishitsu.com

横河設計工房

建築家名 横河 健
tel 045-949-4900
住所 神奈川県横浜市都筑区仲町台1-33-1
mail kya@ceres.dti.ne.jp
URL http://www.kenyokogawa.co.jp

充総合計画

建築家名 杉浦 充
tel 03-6319-5806
住所 東京都目黒区中根2-19-19
mail sugiura@jyuarchitect.com
URL http://www.jyuarchitect.com

㈲ステューディオ2アーキテクツ

建築家名 二宮 博＋菱谷和子
tel 045-488-4125
住所 神奈川県横浜市神奈川区片倉2-29-5-B
mail studio2@ec.netyou.jp
URL http://home.netyou.jp/cc/studio2

㈲設計アトリエ一級建築士事務所

建築家名 瀬野和広
tel 03-3310-4156
住所 東京都中野区大和町1-67-6
MT COURT 606
mail aaj-seno@pop06.odn.ne.jp
URL http://www1.odn.ne.jp/aaj69100

造·建築空間研究所

建築家名 赤塚史明
tel 06-6136-7163
住所 大阪府大阪市西区京町堀1-13-21
高木ビル4F
mail info@zo-ao.com
URL http://zo-ao.com

㈱田井勝馬建築設計工房

建築家名 田井勝馬
tel 045-227-7867
住所 神奈川県横浜市中区相生町1-15
第2東商ビル5F
mail kt-archi@nifty.com
URL http://www.tai-archi.co.jp

T-Square Design Associates

建築家名 津田 茂
tel 06-6937-8055
住所 大阪府大阪市中央区北浜東1-29
北浜ビル2号館 10F
mail info@t2designassociates.com
URL http://www.t2designassociates.com

㈱手塚建築研究所

建築家名 手塚貴晴＆由比
tel 03-3703-7056
住所 東京都世田谷区等々力1-19-9-3F
mail tez@sepia.ocn.ne.jp
URL http://www.tezuka-arch.com

KAJA DESIGN

代表人 大熊英樹
tel 0120-469-507
住所 東京都武蔵野市吉祥寺本町2-35-10
プリマヴェール吉祥寺シュール1-2F
mail info@kaja-design.com
URL http://www.kaja-design.com

加賀妻工務店（股）

代表人 妹尾喜浩
tel 0467-87-1711
住所 神奈川県茅ヶ崎市矢畑1395
mail 詳見 HP email form
URL http://www.kagatuma.co.jp

工房（股）

代表人 成田正史
tel 048-227-0500
住所 埼玉県川口市本町3-2-22
mail 詳見 HP email form
URL http://www.kobo-house.jp/

COSMO（股）

代表人 鈴木一三
tel 0562-97-3270
住所 愛知県豊明市栄町内山67-42
mail info@cosmo-bldg.co.jp
URL http://www.cosmo-bldg.co.jp

小林建設（股）

代表人 小林伸吾
tel 0495-72-0327
住所 埼玉県本庄市児玉町児玉2454-1
mail 詳見 HP email form
URL http://www.kobaken.info

鈴木工務店（股）

代表人 鈴木 亨
tel 042-735-5771
住所 東京都町田市能ヶ谷3-6-22
mail 詳見 HP email form
URL http://www.suzuki-koumuten.co.jp

SPACE LAB（股）

代表人 石澤真知子
tel 06-6903-5555
住所 大阪府門真市本町39-26
mail admin@space-lab.co.jp
URL http://www.space-lab.co.jp

創建舎（股）

代表人 吉田薫
tel 0120-006-204
住所 東京都大田区下丸子1-6-5
mail 詳見 HP email form
URL http://www.soukensya.jp

工務店 INDEX

R-CRAFT（股）

代表人 武田 力
tel 048-951-3755
住所 埼玉県越谷市東大沢3-24-9
mail 詳見 HP email form
URL http://r-craft.com

RC-AGE（股）

代表人 長谷光浩
tel 03-6427-4831
住所 東京都港区西麻布2-24-37
mail 詳見 HP email form
URL http://rc-age.com

ARRPLANNER（股）

代表人 梢 政樹
tel 052-848-0439
住所 愛知県名古屋市天白区原2-507
mail 詳見 HP email form
URL http://www.arrplanner.jp

相羽建設（股）

代表人 相羽健太郎
tel 042-395-4181
住所 東京都東村山市本町2-22-11
mail mail@aibaeco.co.jp
URL http://aibaeco.co.jp

阿部建設（股）

代表人 阿部一雄
tel 052-911-6311
住所 愛知県名古屋市北区黒川本通4-25
mail abe@abe-kk.co.jp
URL http://www.abe-kk.co.jp

伊田工務店（股）

代表人 伊田昌弘
tel 078-861-1165
住所 兵庫県神戸市灘区城内通4-7-25
mail 詳見 HP email form
URL http://www.idahomes.co.jp

IMURA（股）

代表人 井村義嗣
tel 0120-59-5510
住所 奈良県橿原市木原町177-1
mail 詳見 HP email form
URL http://www.imura-k.com

照片來源
Credit

（依筆劃數）

©Toshiyuki Yano：外觀、©Toshiyuki Yano：屋頂	37
Kai Nakamura	49
上田宏	31,32,60,65
大澤誠一	22,23,26,27
大野博之	117
山口幸一	133
石井雅義	78,79,81,102
田中宏明	39
平桂彌／STUDIO REM	43,47,83
平井廣行	33
好川桃子	135
守屋欣史	41
吉田美千穗	48
吉田誠	56,57,69
杉浦充	38上,84
谷岡康則：內部、A-SEED建築設計：外觀	66
村上俊一	67
垂見孔士／垂見寫真事務所	125下
畑亮	50,100
益永研司	50
笹倉洋平	70
塚本浩史／ADBRAIN	105
黑住直臣	36
富田英次	40,68
富田浩	106
絹卷豐	98,99,101
新建築社：外觀、橫河設計工房：內部	58～59
檜川泰治	30,35,38下

※封面、章扉及P8～19的照片來源，係按照P22～142所刊載的照片來源

寺島建築設計（股）

代表人　寺島尚花
tel　0120-20-5431
住所　東京都目黒区東が丘2-12-20
mail　info@terajima.co.jp
URL　http://www.kenchikuka.co.jp

BAUHAUS（股）

代表人　三品信喜
tel　04-7127-8200
住所　千葉県野田市七光台45-1
mail　info@bauhouse.co.jp
URL　http://www.bauhouse.co.jp

FRONVILLE HOME 名古屋（股）

代表人　黑川春樹
tel　052-701-8050
住所　愛知県名古屋市名東区極楽4-1412
mail　jk@fhn.co.jp
URL　http://www.fhn.co.jp

BELLWOOD HOME（股）

代表人　鈴木正秋
tel　046-280-6314
住所　神奈川県厚木市上荻野902-6
mail　info@bellwood.co.jp
URL　http://www.bellwood.co.jp

丸信住宅産業（股）

代表人　竹腰鋭司
tel　0574-48-1137
住所　岐阜県加茂郡七宗町中麻生1291-1
mail　詳見 HP email form
URL　http://www.marushin-house.co.jp

持井工務店（股）

代表人　持井貞城
tel　047-439-1678
住所　千葉県船橋市高根町1488
mail　詳見 HP email form
URL　http://www.mochii.co.jp

拓穗工務店（股）

代表人　林信次
tel　0120-360-461
住所　愛知県名古屋市緑区鳴海町文木82-1
mail　info@takuho.co.jp
URL　http://www.takuho.co.jp

木の城いちばん（股）

代表人　城市一成
tel　0120-311-461
住所　岡山県倉敷市堀南628-12
mail　kaisei@kinoshiro.co.jp
URL　http://www.kinoshiro.co.jp

大師如何設計 系列叢書

大師如何設計：
個性化裝潢風格 100% 達成

18.2X23.5cm　192 頁
彩色　定價 320 元

零偏差！夢想中的風格第一次裝潢就做好！

設計師＆屋主都適讀！輕鬆省下時間和金錢成本！

收錄 16 種人氣裝潢風格

在裝潢之前，請先問問自己，你喜歡什麼樣的室內裝潢呢？你想要住在什麼樣的房子裡呢？其實，室內裝潢設計可以從「了解自己喜歡的室內裝潢風格」學起。在日常生活中，把自己的「喜好」與家人的「喜好」結合，逐漸改變自己的家。

合適的裝潢風格，可以醞釀出好的生活態度，本書是一本網羅了室內裝潢基礎的入門書，可以幫助大家打造出舒適的住家。內容很豐富，包含了色彩搭配、家具、窗邊設計、照明、廚房的挑選方式與規劃、展示方式與收納的基礎、用語辭典、店鋪介紹等室內裝潢的基礎與最新資訊！不妨開始活用此書來打造出心目中舒適度滿分的住宅！

PROFILE

ザ・ハウス（The House）

THE HOUSE 首先是2000年的「建築師仲介服務」，然後接著從「建設公司仲介服務」開始，目前已完成了1676戶的住宅建造。
依照基地、家族的構成以及生活方式的不同，存在著許許多多非常棒的住宅設計。
而想要成功地打造出世界獨一無二的家，擁有能夠分享彼此價值觀的合作夥伴是不可或缺的。
因此，我們以最誠懇的態度傾聽每一位客戶的需求，為各位找出最適合的合作夥伴而努力。
藉由這次的機會，感謝每位登錄的建築師以及建設公司的協助讓這本書得以出版。
每一戶住宅都有每一個自己的故事，其中也包含著每一位住戶、建築師以及建設公司的感情與想法。
希望藉由這本書讓各位讀者體會構築家的樂趣，了解「適合自己的家」能夠創造出快樂豐富的生活。
最後，在此謹向協助完成此書的各位以及閱讀此書的讀者，致上最誠摯的感謝。

股份有限公司・THE HOUSE
http://thehouse.co.jp/
TEL：03-3449-0950

TITLE

大師如何設計：5大風格住宅外觀範例

STAFF

出版　瑞昇文化事業股份有限公司
作者　ザ・ハウス（The House）
譯者　謝逸傑

總編輯　郭湘齡
責任編輯　黃美玉
文字編輯　黃思婷　莊薇熙
美術編輯　謝彥如
排版　執筆者設計工作室
製版　昇昇興業股份有限公司
印刷　桂林彩色印刷股份有限公司
法律顧問　經兆國際法律事務所　黃沛聲律師

戶名　瑞昇文化事業股份有限公司
劃撥帳號　19598343
地址　新北市中和區景平路464巷2弄1-4號
電話　(02)2945-3191
傳真　(02)2945-3190
網址　www.rising-books.com.tw
Mail　resing@ms34.hinet.net

初版日期　2015年6月
定價　350元

國家圖書館出版品預行編目資料

大師如何設計：5大風格住宅外觀範例 / ザ・ハウス(The House)作；謝逸傑譯. -- 初版. -- 新北市：瑞昇文化, 2015.06
152面；25.7 X 18.2公分
ISBN 978-986-401-025-7(平裝)

1.房屋建築 2.室內設計 3.庭園設計

441.52　　104006853